非道路移动机械
及非道路移动机械用发动机
环保信息公开系统操作手册

王宏丽　肖　寒／主编

中国环境出版集团 · 北京

图书在版编目（CIP）数据

第四阶段非道路移动机械及非道路移动机械用发动机环保信息公开系统操作手册 / 王宏丽，肖寒主编．—北京：中国环境出版集团，2023.8
ISBN 978-7-5111-5580-1

Ⅰ．①第…　Ⅱ．①王…②肖…　Ⅲ．①汽车排气—总排污量控制—污染源管理—中国—手册　Ⅳ．① X734.2-62

中国国家版本馆 CIP 数据核字（2023）第 153406 号

出 版 人　武德凯
责任编辑　殷玉婷
封面设计　宋　瑞

出版发行　中国环境出版集团
（100062　北京市东城区广渠门内大街 16 号）
网　　址：http: //www.cesp.com.cn
电子邮箱：bjgl@cesp.com.cn
联系电话：010-67112765（编辑管理部）
010-67112736（第五分社）
发行热线：010-67125803，010-67113405（传真）
印　　刷　北京中献拓方科技发展有限公司
经　　销　各地新华书店
版　　次　2023 年 8 月第 1 版
印　　次　2023 年 8 月第 1 次印刷
开　　本　787 × 1092　1/16
印　　张　12.25
字　　数　170 千字
定　　价　90.00 元

编委会

主　编

王宏丽　　肖　寒

编　委（以下按姓氏笔画排序）

马凌云　　赵　鑫　　郝爱民

唐祎骕　　鲁嘉欣

前　言

随着生态环境治理研究的持续深入和治理水平的不断提升，我国环境管理对象及内容日趋精细化。汽车、非道路移动机械、飞机、船舶等移动污染源现已成为我国大中型城市污染的重要来源，其中，非道路移动机械由于流动性大、污染排放严重，逐渐成为当前移动源管理中的重点。

非道路移动机械包含工程机械、农业机械、林业机械、渔业机械、发电机组和机场地勤设备等多种类型。基于我国持续的城市化、现代化进程，各类非道路移动机械越来越多地应用在工业生产、城市建设、农业生产等行业中。根据生态环境部发布的《中国移动源环境管理年报（2022 年）》，2021 年非道路移动源排放二氧化硫 16.8 万吨，碳氢化合物 42.9 万吨，氮氧化物 478.9 万吨，颗粒物 23.4 万吨。颗粒物排放量为机动车排放量的近 3.4 倍。为贯彻落实《中华人民共和国大气污染防治法》，进一步加强对非道路移动机械的污染防治，2020 年 12 月 28 日，生态环境部发布《非道路移动机械用柴油机排气污染物排放限值及测量方法（中国第三、四阶段）》（GB 20891—2014）和《非道路柴油移动机械污染物排放控制技术要求》（HJ 1014—2020），要求自 2022 年 12 月 1 日起，所有生产、进口和销售的 560 kW 以下（含 560 kW）非道路移动机械及其装用的柴油机应符合第四阶段排放标准要求。

环保信息公开制度是非道路移动机械环境管理制度体系中的重要一环。及时有效地完成非道路移动机械（发动机）信息公开是企业的应尽责任。根据文件《关于开展机动车和非道路移动机械环保信息公开工作的公告》（国环规大气〔2016〕3 号），非道路移动机械生产、进口企业，应当向社会公开其生产、进口非道路移动机械的环保信息，包括排放检验信息和污染控制技术信息，并对信息公开的真实性、准确性、及时性和完整性负责。

本书基于当前非道路移动机械实施的第四阶段排放标准要求，按机动车和非道路移动机械环保信息公开系统操作流程，为非道路移动机械及非道路移动机械用发动机生产、进口企业提供环保信息公开系统操作指导。

目 录

第 一 章

适用范围、术语定义及操作流程

唐祎骕

一、适用范围

本操作手册适用于非道路柴油移动机械生产、进口企业（以下简称"非道路移动机械企业"）和非道路移动机械用柴油发动机生产、进口企业（以下简称"非道路移动机械用发动机企业"），见表 1.1。

表 1.1　非道路移动机械及非道路移动机械用发动机环保信息公开系统操作手册适用范围

适用对象	适用企业类型	机械（发动机）功率	适用排放阶段	对应标准
非道路柴油移动机械及非道路移动机械用柴油发动机	非道路移动机械企业和非道路移动机械用发动机企业	560 kW 及以下	中国第四阶段（以下简称"国四"）	《非道路移动机械用柴油机排气污染物排放限值及测量方法（中国第三、四阶段）》（GB 20891—2014）、《非道路柴油移动机械污染物排放控制技术要求》（HJ 1014—2020）
		560 kW 以上	中国第三阶段（以下简称"国三"）	

二、术语定义

（一）环保信息公开

为了贯彻落实《中华人民共和国大气污染防治法》，按照《关于开展机动车和非道路移动机械环保信息公开工作的公告》（国环规大气〔2016〕3 号）要求，自 2017 年 7 月 1 日起，非道路移动机械生产、进口企业应当向社会公开其生产、进口非道路移动机械的环保信息，包括排放检验信息和污染控制技术信息。

（二）非道路移动机械

非道路移动机械指用于非道路上的各类机械，即：

1. 自驱动或具有双重功能：既能自驱动又能进行其他功能操作的机械；

2. 不能自驱动，但被设计成能够从一个地方移动或被移动到另一个地方的机械。

详见《非道路柴油移动机械污染物排放控制技术要求》（HJ 1014—2020）。

（三）柴油机机型

柴油机机型指在《非道路移动机械用柴油机排气污染物排放限值及测量方法（中国第三、四阶段）》（GB 20891—2014）标准中，附件 AA 列出的柴油机基本特性参数无差异的同一类柴油机。

（四）柴油机系族

生产企业按《非道路移动机械用柴油机排气污染物排放限值及测量方法（中国第三、四阶段）》（GB 20891—2014）第 8 章及《非道路柴油移动机械污染物排放控制技术要求》（HJ 1014—2020）标准 10.2 的要求所设计的一组柴油机，这些柴油机具有类似的排气排放特性；同一系族中所有柴油机都必须满足相同的排放限值。

（五）源机

源机指从柴油机系族中选出的，能代表这一柴油机系族排放特性的柴油机。

（六）NO_x 控制诊断系统（NCD）

NO_x 控制诊断系统指柴油机上安装的计算机信息系统，属于污染控制装置，具有以下功能：

1. 诊断 NO_x 控制故障（NCM）；

2. 通过存储器内存的信息和（或）外部通信信息，发现可能造成 NO_x 控制故障的原因。

（七）颗粒物控制诊断系统（PCD）

颗粒物控制诊断系统指柴油机上安装的计算机信息系统，属于污染控制装置，具有以下功能：

1. 诊断颗粒物控制故障（PCM）；

2. 通过存储器内存储的信息和（或）外部通信信息，发现可能造成颗粒物控制故障的原因。

（八）NO_x 控制故障（NCM）

NO_x 控制故障指对柴油机的 NO_x 控制系统的篡改企图或因这种企图引起的对 NO_x 控制系统造成影响的故障。《非道路柴油移动机械污染物排放控制技术要求》（HJ 1014—2020）中要求，一旦检测到这种情况，需触发驾驶员报警或驾驶性能限制系统。

（九）颗粒物控制故障（PCM）

颗粒物控制故障指对柴油机颗粒物控制系统的篡改企图或因这种企图引起的对颗粒物控制系统造成影响的故障。《非道路柴油移动机械污染物排放控制技术要求》（HJ 1014—2020）中要求，一旦检测到这种情况，需触发驾驶员报警或驾驶性能限制系统。

（十）NCD 柴油机系族

NCD 柴油机系族指具有相同的 NCM 监控和诊断方法的一组柴油机。

（十一）PCD 柴油机系族

PCD 柴油机系族指具有相同的 PCM 监控和诊断方法的一组柴油机。

（十二）排气后处理系统

排气后处理系统包括催化器［氧化型催化器（DOC）、三元催化器以及任何气体催化器］、颗粒物后处理系统、降氮氧化物系统、组合式降氮氧化物—颗粒物系统，以及其他各种安装在柴油机下游的削减污染物的装置。

三、环保信息公开操作流程

依据企业类型，非道路信息公开操作流程可分为非道路移动机械用发动机企业流程及非道路移动机械企业流程。非道路移动机械用发动机企业环保信息公开操作流程和非道路移动机械企业环保信息公开操作流程见图 1.1、图 1.2。

（一）非道路移动机械用发动机企业

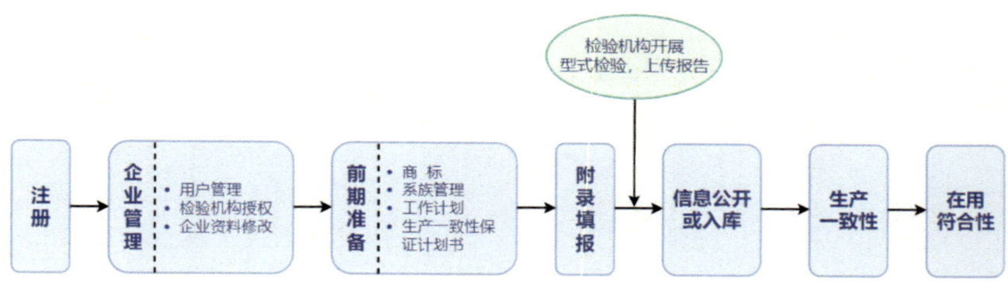

图 1.1　非道路移动机械用发动机企业环保信息公开操作流程

（二）非道路移动机械企业

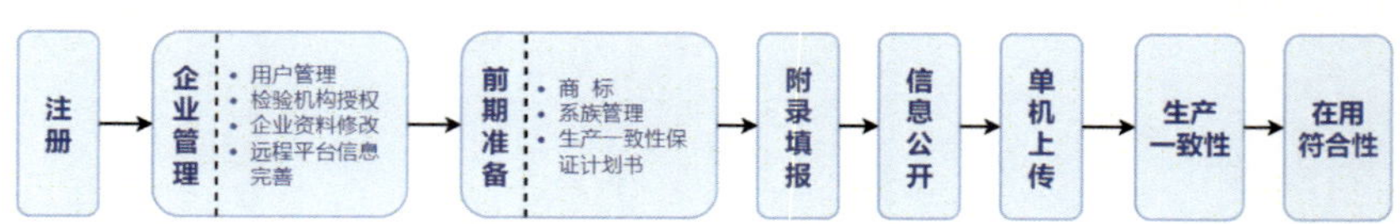

图 1.2　非道路移动机械企业环保信息公开操作流程

第 二 章

注册与企业管理

郝爱民

企业进行相关的环保信息公开前，首先需要在机动车和非道路移动机械环保信息公开系统（以下简称“环保信息公开系统”）中进行“注册”，并完成企业管理相关内容的填写。

一、注册

企业进入机动车环保网（www.vecc.org.cn），点击“企业环保信息公开系统”，见图 2.1。

图 2.1　企业环保信息公开系统入口

进入登录界面，点击“注册流程”进入注册详细页面，见图 2.2。

企业需提供表 2.1 中全部材料，其中 1、2、3 项需在注册详细页面中下载。

图 2.2 注册页面

表 2.1 注册账户提交资料清单

序号	材料名称	要求	备注
1	企业环保达标负责人登记表、法人授权书、达标负责人身份证复印件	全部材料电子扫描件、企业环保达标负责人登记表（word 版）、环保信息公开系统用户注册登记表（word 版）发送至指定邮箱	(1) 邮件注明企业名称及联系方式；(2) 纸质版加盖公章
2	环保信息公开企业责任承诺书		
3	环保信息公开系统用户注册登记表		
4	企业营业执照复印件、组织机构代码证（如有）复印件（已办理“三证合一”或“五证合一”的，只需提供新营业执照复印件）		
5	进口企业需提供进口资质证明和国外制造商有效注册证明资料		

注：①待全部纸质材料收齐后，5 个工作日内完成核验；

②核验通过后以电子邮件方式将用户名和密码发送至“环保信息公开系统用户注册登记表”中填写的电子邮箱。

企业按要求递交材料。机动车排污监控中心收到全部纸质材料后，5 个工作日内完成信息核验。材料不符合要求的，以邮件方式通知企业补充材料；材料符合要求的，开通账户并以电子邮件方式将企业编号、管理员（Admin）账户密码及账户详细信息发送至企业邮箱。注册页面见图 2.3。

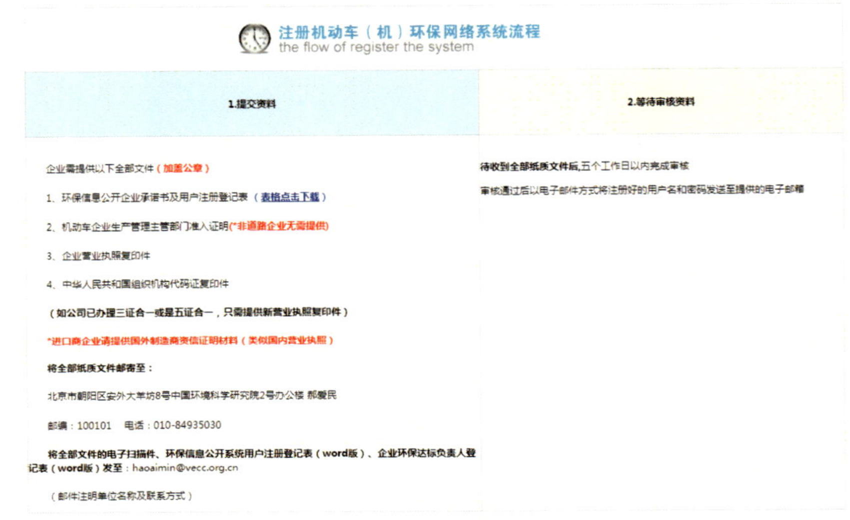

图 2.3　注册页面

系统页面与非道路移动机械及非道路移动机械用发动机环保信息公开相关的模块包括计划书、生产一致性和在用符合性、信息公开、数据查询、随车清单 / 单机、授权管理、非道路国四系族和系统管理。系统页面和模块见图 2.4。

图 2.4　系统页面和模块

二、企业管理

企业收到 Admin 账户后，进入机动车环保网，在页面右侧点击“企业环保信息公开系统”进入登录界面，见图 2.5。输入企业编号、用户名、密码和验证码，点击“登录”，进入主页面。

图 2.5　登录页面

初次登录时，需修改账户的初始密码。登录 Admin 账户，页面菜单显示首页和系统管理两个模块，见图 2.6。系统管理模块包括用户管理、检测机构授权、企业资料、个人信息、密码修改、网址维护、退出等。

图 2.6　系统首页及系统管理

（一）用户管理

只有 Admin 账户拥有用户管理功能。在主界面下，选择“系统管理”—“用户管理”，进入用户管理页面，见图 2.7。用户管理功能主要用于新增或删除账户，以及修改不同账户权限。

图 2.7　用户管理页面

1. 新增账户

点击“新增”，填写相应信息并点击“提交”，即可创建新账户，账户密码将自动发送至填写的电子邮箱内。企业需要通过权限分配功能对账户进行权限分配。新增账户页面见图 2.8。

图 2.8　新增账户页面

2. 修改账户

在列表操作栏中点击修改按钮“🖉”，修改已创建账户的信息。修改账户页面见图 2.9。

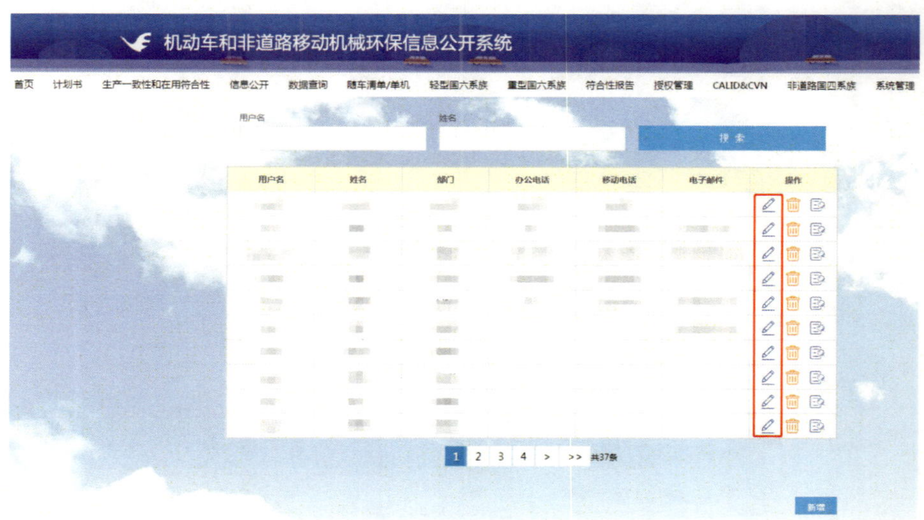

图 2.9　修改账户页面

3. 权限分配

在列表操作栏中点击修改按钮“”，可进行权限分配操作。企业可分配的权限包括计划书、生产一致性和在用符合性、信息公开、数据查询、随车清单 / 单机、报告管理、授权管理、其他操作（厂家管理员，创建、发送、审核、公开信息公开表，创建年度报告）、非道路国四系族、系统管理等。权限分配清单见表 2.2。勾选权限后可以进行相应模块的操作。附录 A、计划书和信息公开表三项重点填报流程均包含创建（发送）、审核、备案（公开）等操作，这些操作互相排斥，需分配到不同账户中。权限分配功能入口和权限分配页面见图 2.10 和图 2.11。

表 2.2　权限分配清单

<table>
<tr><th colspan="2">一级菜单</th><th>二级菜单</th><th>备注</th></tr>
<tr><td rowspan="10">计划书</td><td>商标</td><td>—</td><td>—</td></tr>
<tr><td rowspan="7">计划书管理</td><td>创建附录 A</td><td rowspan="7">附录 A 与计划书的创建、备案、审核三项功能互相排斥，需分配到不同账户中</td></tr>
<tr><td>创建计划书</td></tr>
<tr><td>提交计划书</td></tr>
<tr><td>备案计划书</td></tr>
<tr><td>备案附录 A</td></tr>
<tr><td>审核计划书</td></tr>
<tr><td>审核附录 A</td></tr>
<tr><td>耐久过程实验数据</td><td>—</td><td>此权限与非道路信息公开无关</td></tr>
<tr><td>工作计划</td><td>—</td><td>—</td></tr>
<tr><td colspan="2" rowspan="6">生产一致性和在用符合性</td><td>季报年报管理</td><td>—</td></tr>
<tr><td>国五系族车型管理</td><td rowspan="5">此权限与非道路信息公开无关</td></tr>
<tr><td>国五符合性报告管理</td></tr>
<tr><td>轻型量产评估报告</td></tr>
<tr><td>国六轻型生产一致性在用符合性</td></tr>
<tr><td>国六重型生产一致性在用符合性</td></tr>
</table>

续表

一级菜单	二级菜单	备注
生产一致性和在用符合性	非道路国四生产一致性 在用符合性	—
信息公开	—	—
平行进口信息公开	—	此权限与非道路信息公开无关
数据查询	检验报告	—
	计划书	
	附录	
	信息公开表	
	环保信息	
随车清单 / 单机	报送 VIN/ 单机信息	—
	查询报送记录	
	查看报送密码	
	底盘 VIN 上传	此权限与非道路信息公开无关
	补充信息查询	
	非道路移动机械豁免	—
轻型国六系族	系族管理	此权限与非道路信息公开无关
	OBD 文件包上传	
	OBD 豁免申请	
	OBD 演示实验申请	
	OBD 缺陷项目申请	
重型国六系族	排放系族管理	此权限与非道路信息公开无关
	OBD 系族管理	
	耐久系族管理	
符合性报告	—	此权限与非道路信息公开无关
报告管理	—	—

续表

<table>
<tr><th colspan="2">一级菜单</th><th>二级菜单</th><th>备注</th></tr>
<tr><td rowspan="4">授权管理</td><td rowspan="3">授权管理</td><td>提交授权</td><td rowspan="3">—</td></tr>
<tr><td>确认授权</td></tr>
<tr><td>审核授权</td></tr>
<tr><td>平行进口授权</td><td>—</td><td>此权限与非道路信息公开无关</td></tr>
<tr><td colspan="2" rowspan="3">CALID&CVN</td><td>国六轻型车</td><td rowspan="3">此权限与非道路信息公开无关</td></tr>
<tr><td>国六重型车</td></tr>
<tr><td>国六重型发动机</td></tr>
<tr><td colspan="2" rowspan="6">其他操作</td><td>厂家管理员</td><td rowspan="6">信息公开表的创建、审核、公开三项功能互相排斥，需分配到不同账户中</td></tr>
<tr><td>发送信息公开表</td></tr>
<tr><td>创建信息公开表</td></tr>
<tr><td>审核信息公开表</td></tr>
<tr><td>公开信息公开表</td></tr>
<tr><td>创建年度报告</td></tr>
<tr><td colspan="2" rowspan="6">非道路国四系族</td><td>排放系族</td><td rowspan="6">—</td></tr>
<tr><td>耐久分组</td></tr>
<tr><td>PCD 系族</td></tr>
<tr><td>NCD 系族</td></tr>
<tr><td>NCD+PCD 系族</td></tr>
<tr><td>非道路移动机械系族</td></tr>
<tr><td colspan="2">二阶段三轮机系族</td><td>排放系族</td><td>此权限与非道路信息公开无关</td></tr>
<tr><td colspan="2" rowspan="6">系统管理</td><td>进口车管理</td><td rowspan="6">—</td></tr>
<tr><td>检测机构授权</td></tr>
<tr><td>企业资料</td></tr>
<tr><td>个人信息</td></tr>
<tr><td>密码修改</td></tr>
<tr><td>网址维护</td></tr>
</table>

续表

一级菜单	二级菜单	备注
系统管理	下线检验账号	—
	重型车远程监控平台	
	非道路远程监控平台	
	平行进口公开车型公示	
	滞港车辆信息管理	
	退出	

图 2.10　权限分配功能入口

图 2.11　权限分配页面

以下将拥有计划书、附录 A 或信息公开表创建及提交（发送）权限的账户称为“填报账户”，拥有审核权限的账户称为“审核账户”，拥有备案或公开权限的账户称为“备案账户”。

（二）检验机构授权

检验机构授权功能主要是企业选择检验机构进行授权，授权后的检验机构可以下载附录等信息。选择“系统管理”—“检测机构授权”菜单可进入授权页面，见图 2.12。在对应检验机构的操作栏点击图标可以进行授权或取消授权操作，显示为“ ”的检验机构未获得授权，点击“ ”可为其授权；显示为“ ”的检验机构已获得授权，点击“ ”可取消授权。

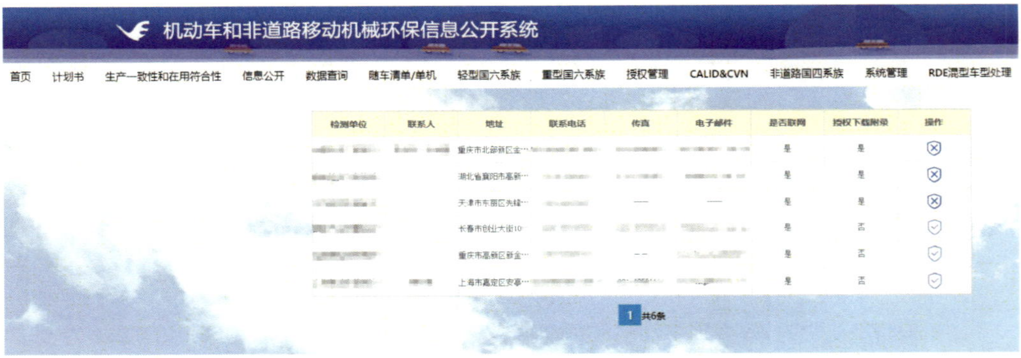

图 2.12　检验机构授权页面

（三）企业资料

选择“系统管理”—“企业资料”菜单进入企业资料页面（图 2.13），可以查看或修改企业信息，修改后点击“提交”即可完成信息修改。企业名称、企业地址、法定代表人、企业代码和电子邮箱等信息不可修改。

图 2.13　企业资料页面

非道路移动机械企业需填写非道路平台信息（图 2.14）。点击“企业资料”—“非道路平台”，按照《非道路柴油移动机械污染物排放控制技术要求》（HJ 1014—2020）填报企业自行建设平台的相关信息，并可通过右上角的“非道路平台”进入非道路四阶段远程在线平台。

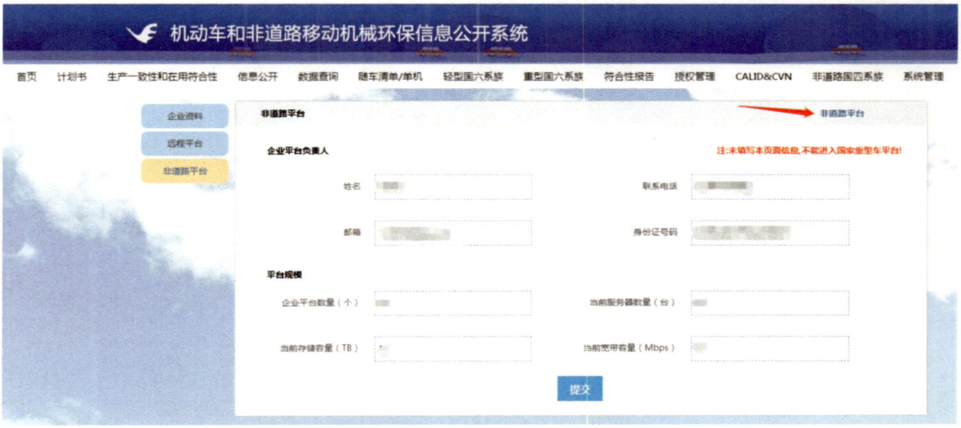

图 2.14　非道路平台信息页面

（四）个人信息

选择“系统管理”—“个人信息”菜单进入详细页面，可查看当前账户已有权限和相关信息，可对部分个人信息进行修改。修改后点击“提交”即可完成信息修改。用户名和电子邮件不可修改。个人信息页面见图 2.15。

图 2.15　个人信息页面

（五）密码修改

选择“系统管理”—“密码修改”菜单进入修改页面，用户可对进入系统的登录密码进行修改，点击“提交”即可完成信息修改。修改密码页面见图 2.16。

图 2.16　修改密码页面

（六）网址维护

点击“系统管理”—“网址维护”，可以新增、修改和删除企业网址。网址维护页面见图 2.17。

图 2.17　网址维护页面

第 三 章

非道路移动机械用发动机环保信息公开

肖 寒

非道路移动机械用发动机企业完成注册和企业管理后，可以进行环保信息公开相关操作，包括商标、系族管理、工作计划和生产一致性保证计划书的填报、管理，附录填报及信息公开或入库，并根据情况填写生产一致性和在用符合性相关情况。非道路移动机械用发动机企业环保信息公开操作流程见图 3.1。

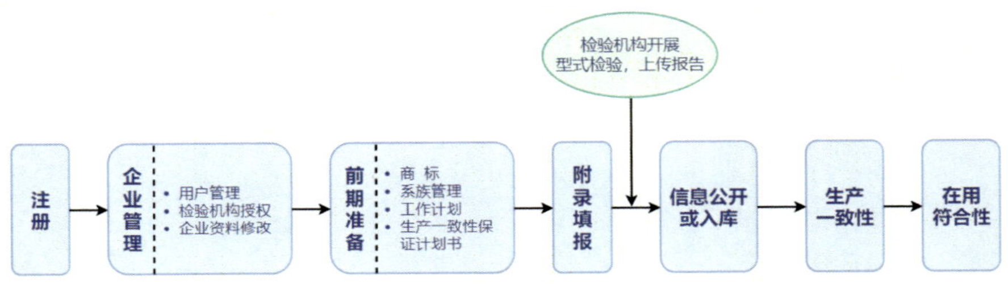

图 3.1　非道路移动机械用发动机企业环保信息公开操作流程

一、前期准备工作

在开展非道路移动机械用柴油发动机环保信息公开前，需要先完成商标、系族管理、工作计划和生产一致性保证计划书的填报。

（一）商标

“商标”模块位于首页“计划书”目录下，用于维护本企业非道路移动机械用发动机商标，可以进行商标的新增、编辑和删除操作。商标管理页面见图 3.2。

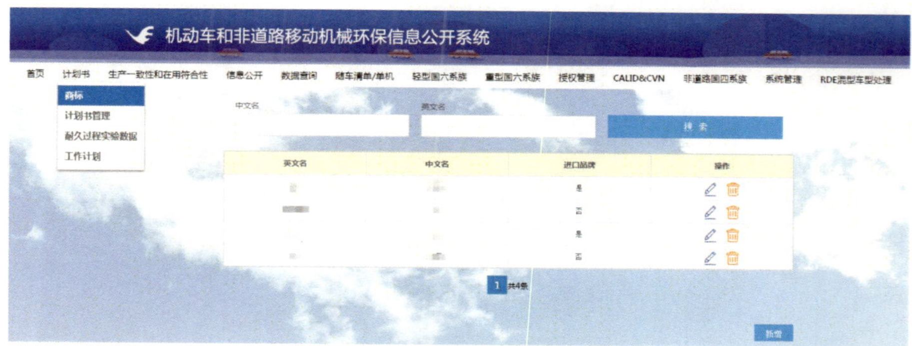

图 3.2　商标管理页面

1. 新增商标

点击商标列表页面的“新增”，再跳转页面完成商标的英文名、中文名的填报以及是否进口品牌的选择。完成填报后点击“提交”即可在列表中添加一条新商标信息。新增商标页面见图 3.3。

图 3.3　新增商标页面

2. 编辑商标

点击商标页面的编辑按钮“ ”，即可对列表中的商标信息进行编辑修改，点击“提交”即可完成信息修改。编辑商标页面见图 3.4。

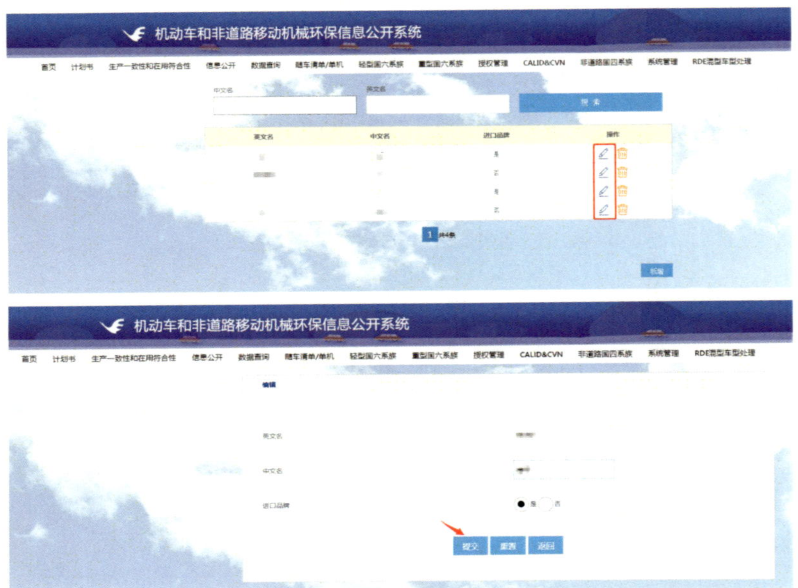

图 3.4　编辑商标页面

3. 删除商标

点击商标页面的删除按钮“ ”，并在弹出的提示框中选择“确定”，即可删除列表中的商标信息。删除商标操作页面见图 3.5。

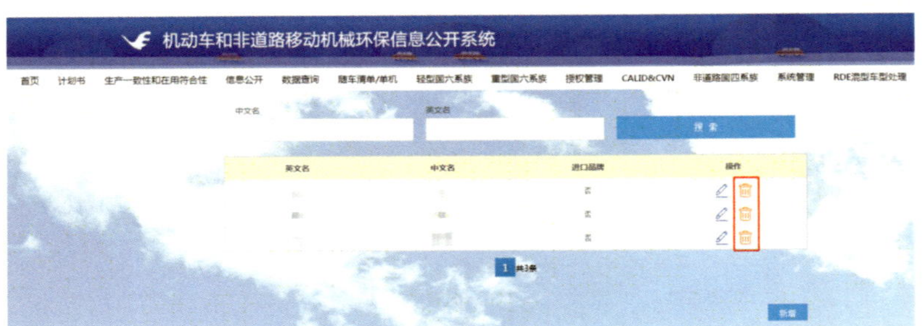

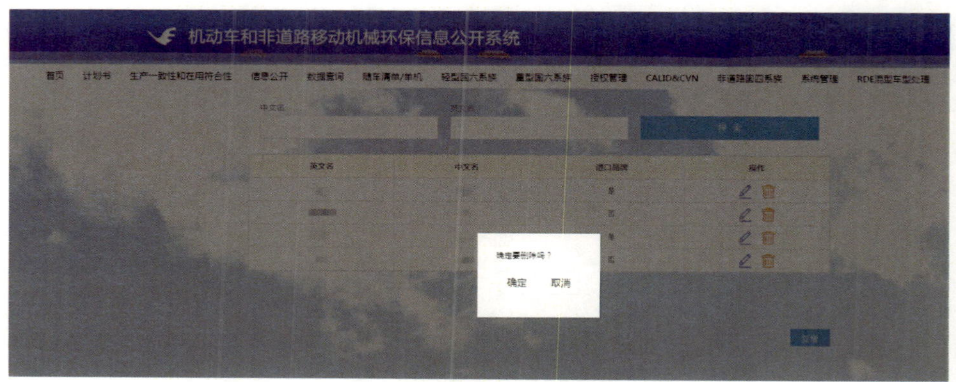

图 3.5 删除商标操作页面

（二）系族管理

系族管理对应首页“非道路国四系族”模块。可以填报排放系族、耐久分组、PCD 系族、NCD 系族、NCD+PCD 系族和非道路移动机械系族。发动机环保信息公开填报前，需根据实际情况填报对应的系族。

1. 排放系族

在排放系族页面点击“新增”，完成对应内容的填报及文件上传后点击“提交”，即可在列表中新增一条信息。操作列可进行信息的编辑和删除操作。排放系族新增操作页面见图 3.6。

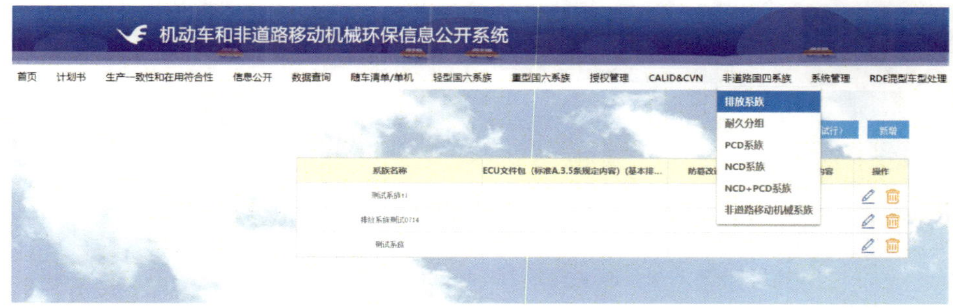

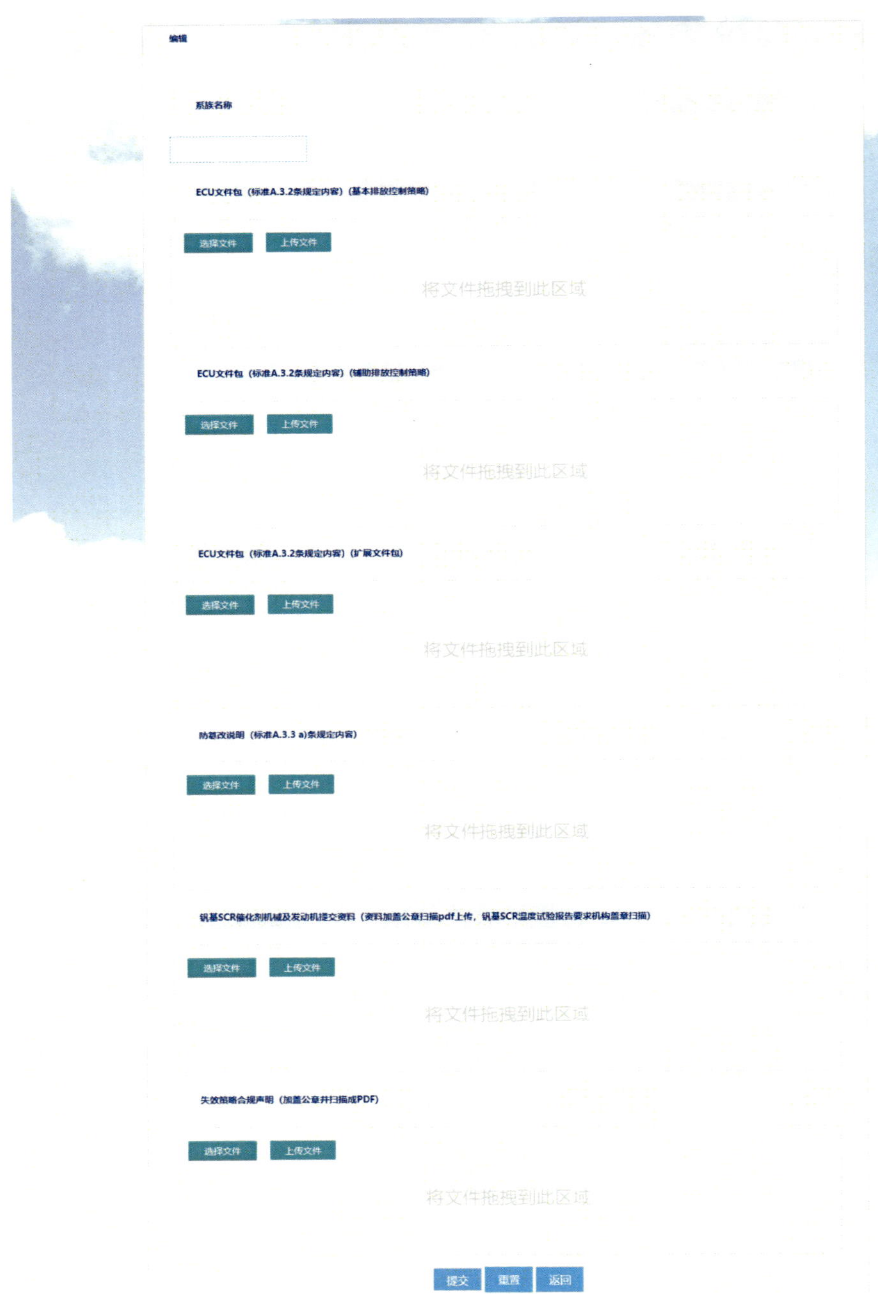

图 3.6　排放系族新增操作页面

2. 耐久分组

在耐久分组页面点击“新增”，完成对应内容的填报及文件上传后点击“提交”，即可在列表中新增一条信息。操作列可进行信息的编辑和删除操作。耐久分组新增操作页面见图 3.7。

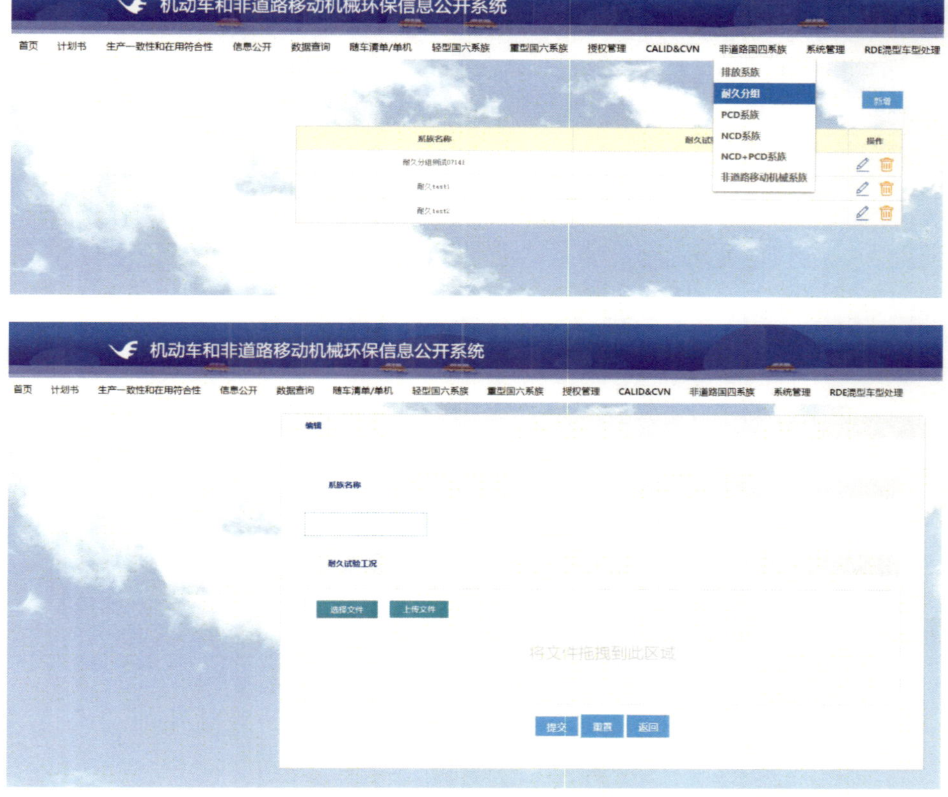

图 3.7　耐久分组新增操作页面

3. PCD 系族（如没有可不填）

在 PCD 系族页面点击“新增”，完成对应内容的填报及文件上传后点击“提交”，即可在列表中新增一条信息。操作列可进行信息的编辑和删除操作。PCD 系族新增操作页面见图 3.8。

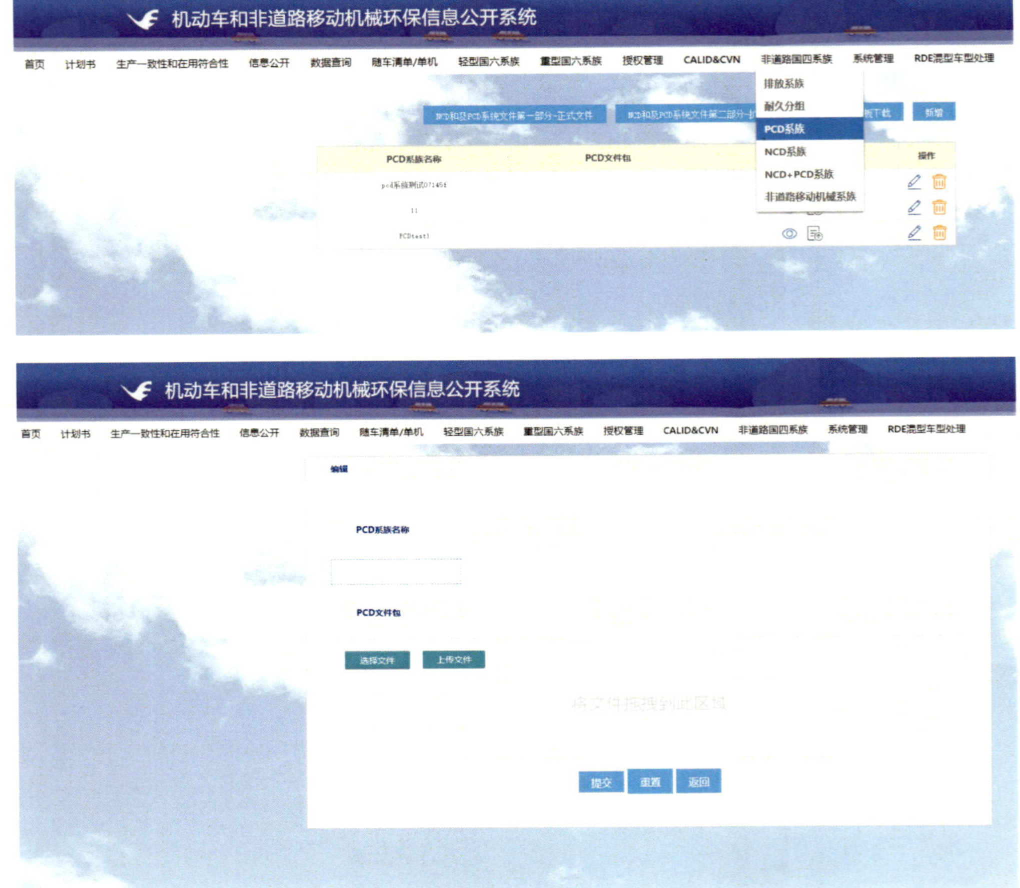

图 3.8　PCD 系族新增操作页面

4. NCD 系族（如没有可不填）

在 NCD 系族页面点击“新增”，完成对应内容的填报及文件上传后点击“提交”，即可在列表中新增一条信息。操作列可进行信息的编辑和删除操作。NCD 系族新增操作页面见图 3.9。

图 3.9　NCD 系族新增操作页面

5. NCD+PCD 系族（如没有可不填）

在 NCD+PCD 系族页面点击“新增”，完成对应内容的填报及文件上传后点击“提交”，即可在列表中新增一条信息。操作列可进行信息的编辑和删除操作。NCD+PCD 系族新增操作页面见图 3.10。

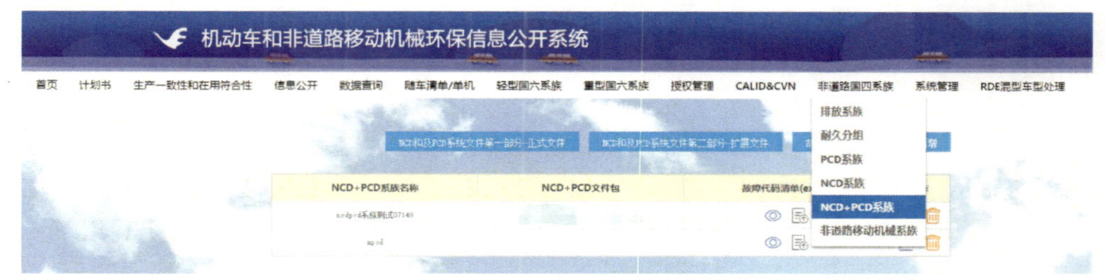

图 3.10　NCD+PCD 系族新增操作页面

（三）工作计划

点击首页“计划书”—“工作计划”即可进入工作计划页面（图 3.11）。

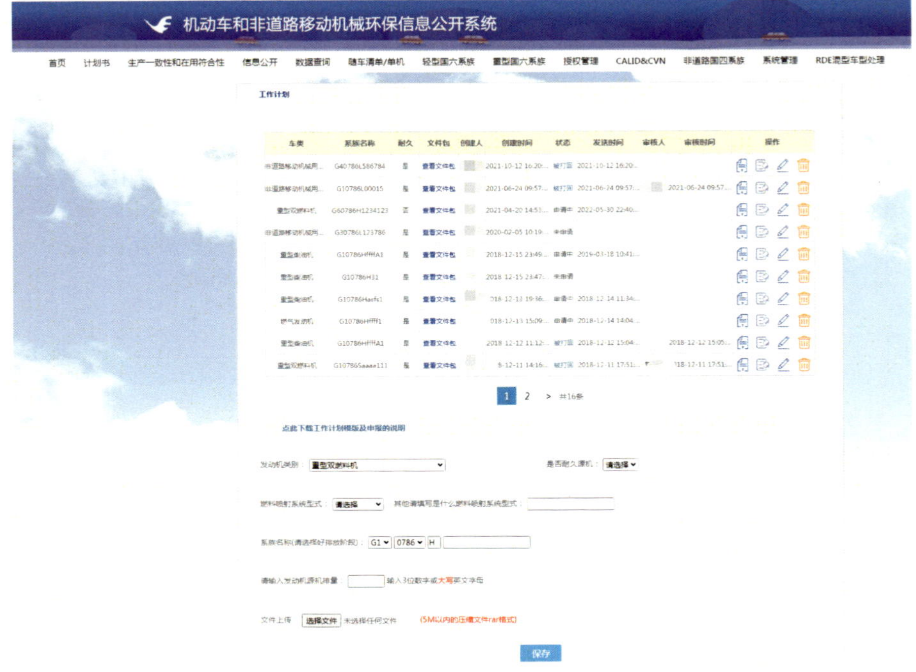

图 3.11　工作计划页面

企业需按要求完成相关信息的填报和文件上传，并点击“保存”。工作计划填报页面见图 3.12。

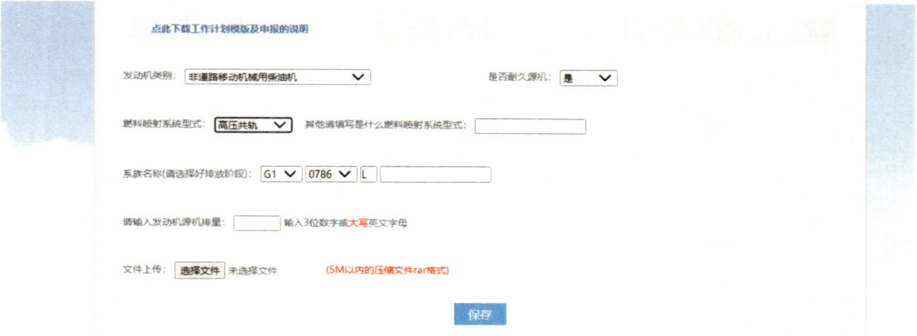

图 3.12　工作计划填报页面

（四）生产一致性保证计划书

“生产一致性保证计划书”模块位于首页“计划书”目录下，可以进行计划书的新增、编辑、提交和删除，并可创建对应附录。生产一致性保证计划书的创建、审核和备案需要不同权限账户进行操作。生产一致性保证计划书页面见图 3.13。

图 3.13　生产一致性保证计划书页面

1. 新建计划书

点击“创建计划书”后，填报内部编号，选择对应的排放阶段和车辆类别，点击“下一步”，进入“执行标准”填报页面。新建计划书填报页面见图 3.14。

图 3.14　新建计划书填报页面

进入“执行标准”填报页面，勾选执行的国家标准，填写系族名称和企业标准，点击“保存”后系统跳转至“车辆控制”页面。执行标准填报页面见图 3.15。

执行标准　车辆控制　检测设备　整车排放　纠正措施　车型描述

填写所执行的标准

内部编号：2345　排放标准：第4阶段　车辆类别：非道路移动机械用柴油机

国家标准：
GB 18176-2016　GB 14622-2016　GB 17691-2005第四阶段
GB 3847-2005　GB 18285-2005　GB 1495-2002第二阶段
GB 18352.3-2005第四阶段　GB 18352.5-2013　GB 18352.6-2016
GB11340-2005　GB/T 19233-2008　GB/T 19233-2020
HJ 437-2008　HJ 438-2008　HJ 439-2008
GB14763-2005　GB14762-2008第四阶段　GB20890-2007
GB 17691-2005第五阶段　HJ689-2014　GB16169-2005
GB19755-2016　GB 20891-2014　GB 17691-2018
GB 26133　GB 20890　GB 18285-2018
GB 3847-2018　HJ1014-2020　GB 36886-2018烟度标准
HJ 1137—2020　GB19756-2005　GB/T 19753-2021
GB 19757

系族名称：G4　0786　L　请输入4位数字　请输入3位数字或大写字母

企业标准　填写企业内部使用的标准编号，如有多个用逗号分隔

保存　重置　返回

图 3.15　执行标准填报页面

进入“车辆控制”页面，填报车辆质量控制相关文件，点击“保存”后系统跳转至“检测设备”页面。车辆控制填报页面见图 3.16。

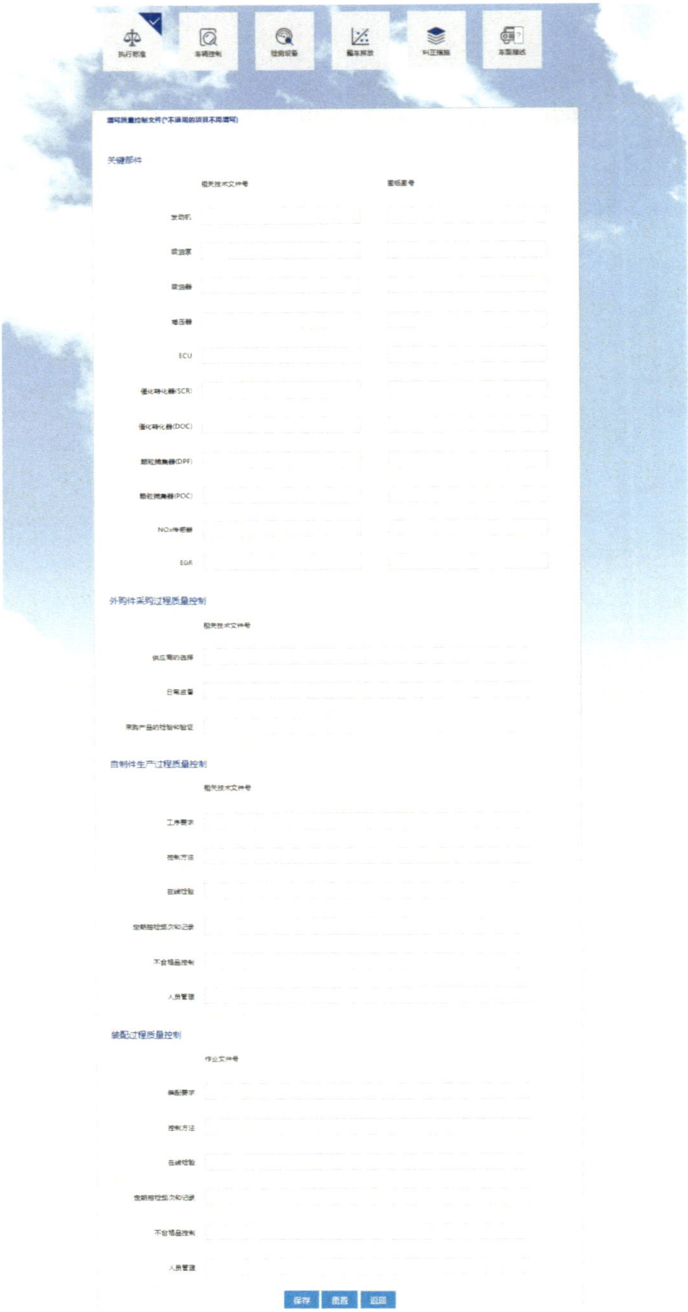

图 3.16　车辆控制填报页面

进入“检测设备”页面，填报检测设备管理相关内容，点击“保存”后系统跳转至“整车排放”页面。检测设备填报页面见图 3.17。

图 3.17　检测设备填报页面

进入“整车排放”页面，填报整车机排放检测管理文件相关内容，点击“保存”后系统跳转至“纠正措施”页面。整车排放填报页面见图 3.18。

图 3.18　整车排放填报页面

进入“纠正措施”页面，填写纠正措施相关内容，点击“保存”后系统跳转至“车型描述”页面。纠正措施填报页面见图 3.19。

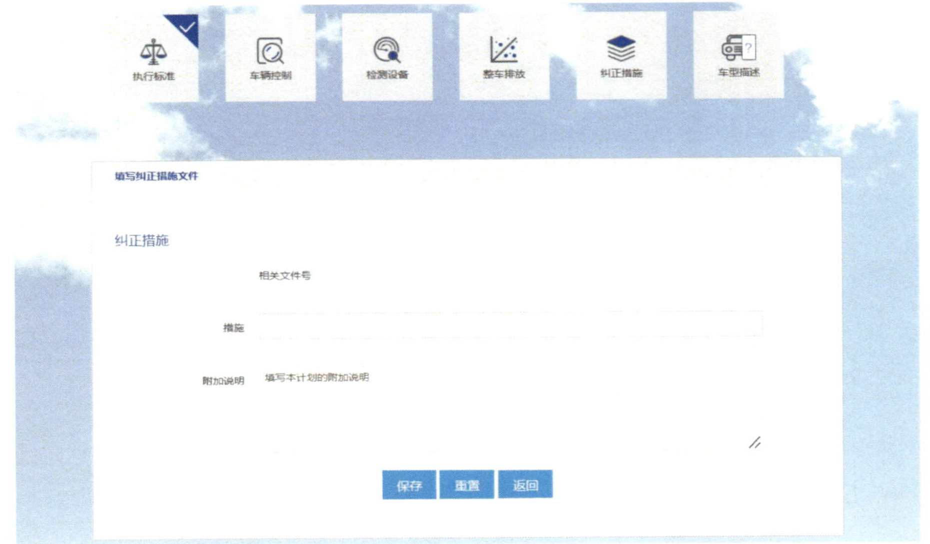

图 3.19 纠正措施填报页面

“车型描述”页面即为计划书的附录列表页面，附录填报详见“第三章 二、附录填报”。车型描述页面见图 3.20。

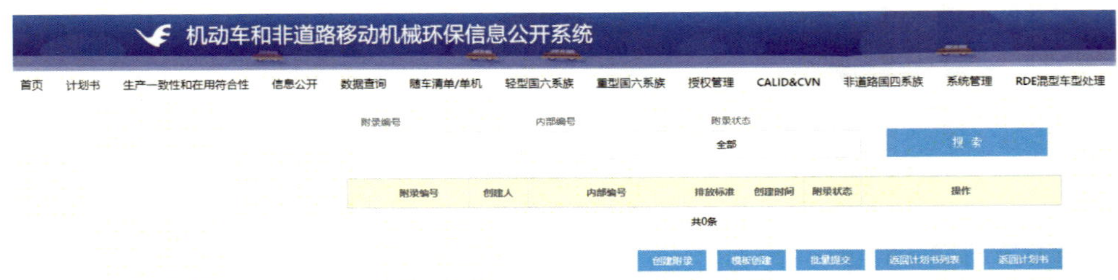

图 3.20 车型描述页面

2. 搜索计划书

计划书管理页面可根据计划书编号、内部编号和创建人搜索已创建的计划书。搜索计划书操作页面见图 3.21。

图 3.21　搜索计划书操作页面

3. 查看与修改

计划书管理页面可以看到已创建的计划书列表。操作栏中查看功能“◎”可以查看对应的计划书内容并进行修改。查看与修改操作页面见图 3.22。

图 3.22　查看与修改操作页面

4. 提交与批量提交

点击计划书操作列中的提交按钮“”，可将填报完成的工作计划表格提交至本部门审核人员审核。如需一次性提交多个工作计划表，可勾选对应信息，并点击右下方的批量提交。提交与批量提交操作页面见图 3.23。

图 3.23　提交与批量提交操作页面

5. 审核与备案

填报账户在计划书列表中点击“”提交后，该计划书将提交审核账户，该计划书状态变为“申请中”。此时审核人员登录审核账户，点击对应计划书的审核按钮“”。审核账户操作页面见图 3.24。

图 3.24　审核账户操作页面

审核人员可进行审核通过或打回操作。点击“通过”，该计划书状态将变为“已审核待备案”，有待备案账户进行操作；填写原因并点击“打回”，该计划书状态将变为“被打回”，填报人员可在填报账户中进行信息修改。审核操作页面见图 3.25。

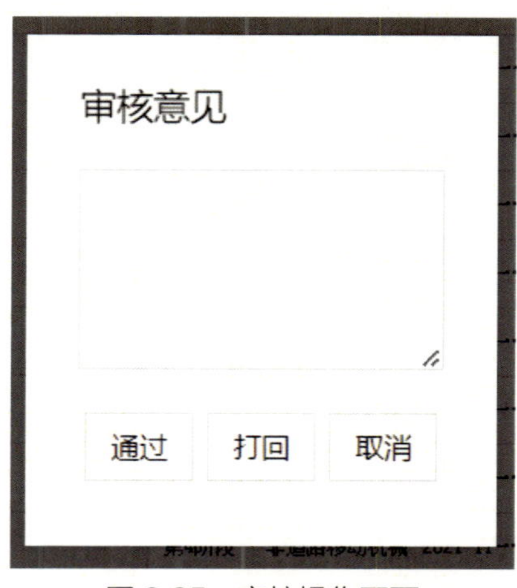

图 3.25　审核操作页面

审核人员通过后，备案人员登录备案账户，点击对应计划书的审核按钮“”。备案账户操作页面见图 3.26。

图 3.26　备案账户操作页面

备案人员可进行通过或打回操作。点击“通过”，该条计划书状态将变为“已备案”。填写原因并点击“打回”，则该计划书状态将变为“被打回”，填报账户可进行信息修改。备案操作页面见图 3.27。

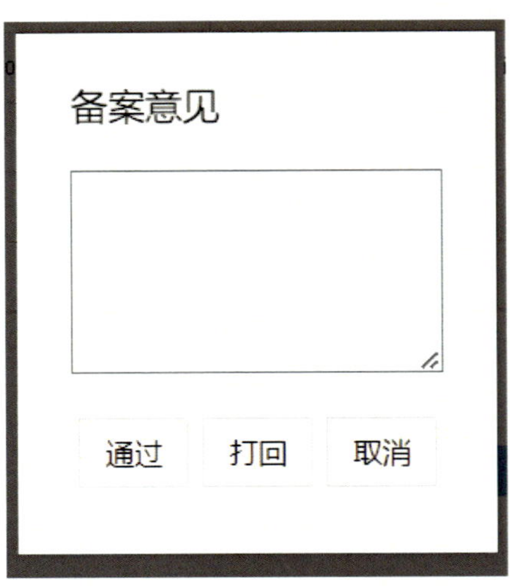

图 3.27　备案操作页面

6. 删除计划书

操作栏中点击按钮“”可以删除已创建的计划书。当计划书内有附录时无法直接进行删除，需将该计划书下所有附录删除后才可删除计划书。删除计划书操作页面见图 3.28。

图 3.28　删除计划书操作页面

二、附录填报

附录用于填报发动机具体参数。由于非道路移动机械用发动机三阶段排放和四阶段排放部分填报内容有所不同，下面将分别介绍国三、国四的填报流程。

附录的创建、审核和备案需要不同权限账户进行操作。企业可在创建计划书时点击“车型描述”进入附录列表（图 3.20），或在计划书列表中选择已创建的计划书，点击操作列附录图标“”进入附录列表。附录页面入口见图 3.29。

图 3.29　附录页面入口

（一）国三非道路移动机械用发动机附录填报

1. 创建附录

在已创建好的第三阶段非道路移动机械用发动机计划书下，点击“创建附录”，即可创建一个新的附录。点击“模板创建”，则可引用同车类同排放阶段已创建的附录，模板创建功能不支持跨车类、跨排放阶段。

根据实际情况填报发动机相关信息，如不适用可不填写。国三非道路移动机械用发动机创建附录操作页面见图 3.30。

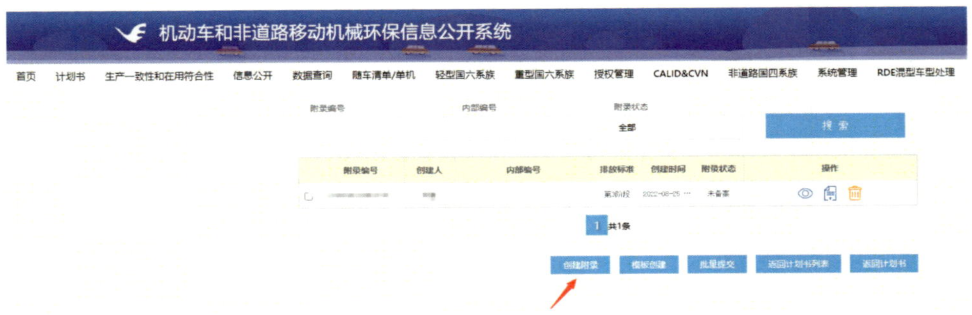

图 3.30　国三非道路移动机械用发动机创建附录操作页面

点击“模板创建”后进入发动机信息填报页面，填写发动机“概述”，完成相关文件的上传，并点击“保存”。国三非道路移动机械用发动机创建附录—概述页面见图 3.31。

柴油机标签的位置

柴油机标签的固定方法

柴油机驱动的移动机械说明

后处理装置维修更换内容说明

排气后处理系统型式

请选择

排气后处理系统图纸或照片

将文件拖拽到此区域

选择文件　上传文件

NRTC循环功(kWh)

最大基准扭矩Nm

保存

图 3.31　国三非道路移动机械用发动机创建附录—概述页面

点击“是否耐久源机”，完成对应内容填报，并点击“保存”。国三非道路移动机械用发动机创建附录—是否耐久源机选择页面见图 3.32。

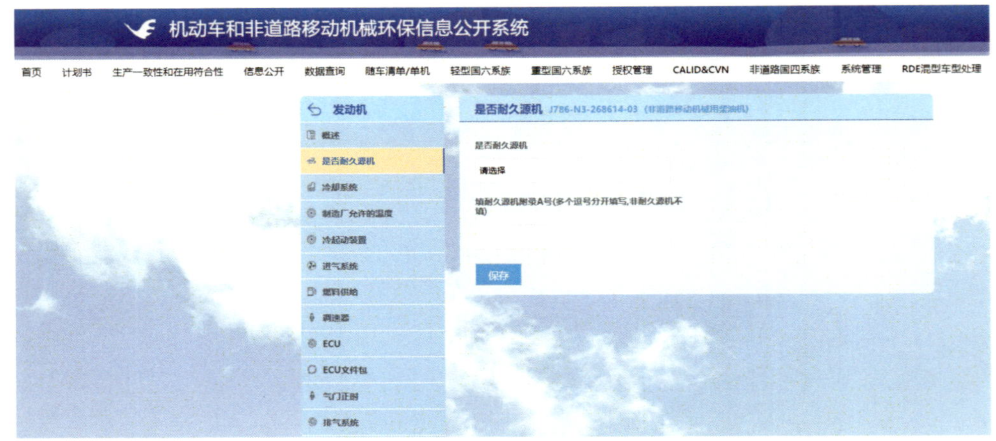

图 3.32　国三非道路移动机械用发动机创建附录—是否耐久源机选择页面

若是耐久源机，点击“耐久试验”，添加试验时间并保存。国三非道路移动机械用发动机创建附录—耐久试验填报页面见图 3.33。

图 3.33　国三非道路移动机械用发动机创建附录—耐久试验填报页面

点击“冷却系统”，选择冷却方式，完成对应冷却方式的参数填报，并点击“保存”。国三非道路移动机械用发动机创建附录—冷却系统填报页面见图 3.34。

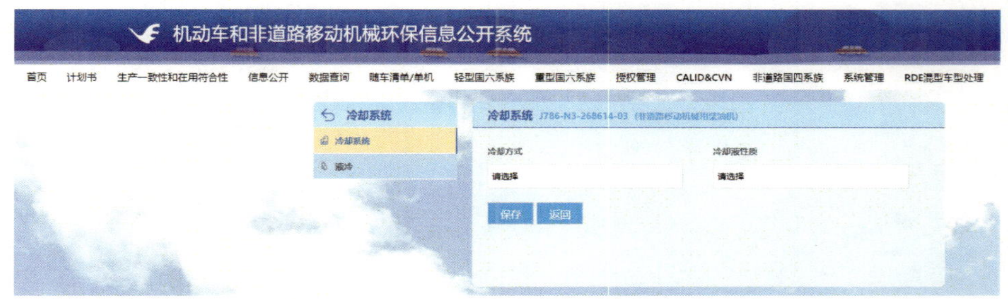

图 3.34　国三非道路移动机械用发动机创建附录—冷却系统填报页面

点击“制造厂允许的温度”，完成对应内容的填报，并点击“保存”。国三非道路移动机械用发动机创建附录—制造厂允许的温度填报页面见图 3.35。

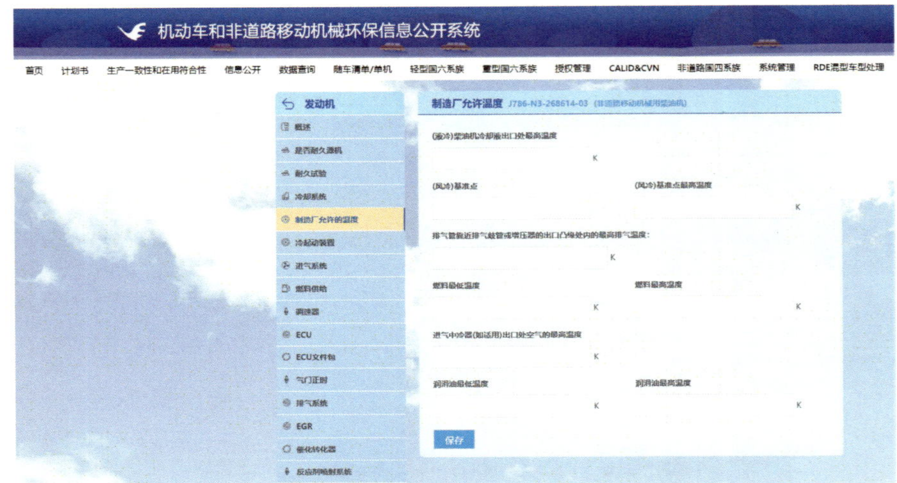

图 3.35　国三非道路移动机械用发动机创建附录—制造厂允许的温度填报页面

点击“冷启动装置”，完成冷启动装置型号、生产厂等内容的填报，并点击“保存”。国三非道路移动机械用发动机创建附录—冷启动装置填报页面见图 3.36。

图 3.36　国三非道路移动机械用发动机创建附录—冷启动装置填报页面

点击“进气系统”，完成进气系统、增压器、中冷器等内容的填报，并点击“保存”。国三非道路移动机械用发动机创建附录—进气系统填报页面见图 3.37。

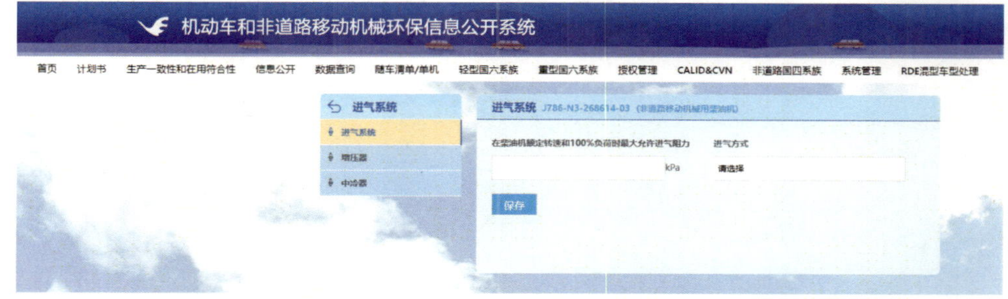

图 3.37　国三非道路移动机械用发动机创建附录—进气系统填报页面

点击“燃料供给”，完成相关内容的填报，并点击“保存”。国三非道路移动机械用发动机创建附录—燃料供给填报页面见图 3.38。

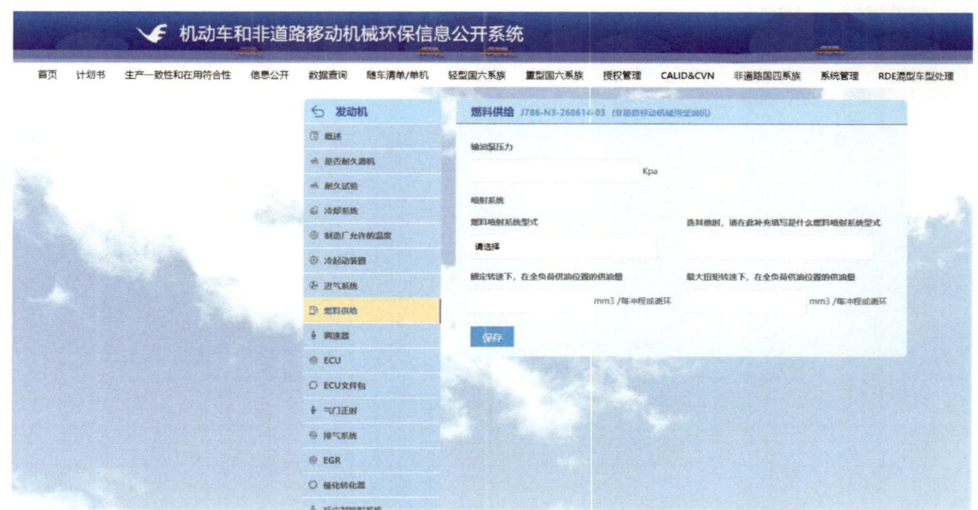

图 3.38　国三非道路移动机械用发动机创建附录—燃料供给填报页面

点击“调速器”，完成相关内容的填报，并点击“保存”。国三非道路移动机械用发动机创建附录—调速器填报页面见图 3.39。

图 3.39　国三非道路移动机械用发动机创建附录—调速器填报页面

点击“ECU”，完成 ECU 相关内容的填报，并点击“保存”。国三非道路移动机械用发动机创建附录—ECU 填报页面见图 3.40。

图 3.40　国三非道路移动机械用发动机创建附录—ECU 填报页面

点击“ECU 文件包”，上传文件并点击“保存”。国三非道路移动机械用发动机创建附录—ECU 上传文件填报页面见图 3.41。

图 3.41　国三非道路移动机械用发动机创建附录—ECU 上传文件填报页面

点击“气门正时”，完成对应内容的填写，并点击“保存”。国三非道路移动机械用发动机创建附录—气门正时填报页面见图 3.42。

图 3.42　国三非道路移动机械用发动机创建附录—气门正时填报页面

点击“排气系统”，完成相应内容的填报，并点击“保存”。国三非道路移动机械用发动机创建附录—排气系统填报页面见图 3.43。

图 3.43　国三非道路移动机械用发动机创建附录—排气系统填报页面

点击“EGR”，完成 EGR 相应内容的填报，并点击“保存”。国三非道路移动机械用发动机创建附录—EGR 填报页面见图 3.44。

图 3.44　国三非道路移动机械用发动机创建附录—EGR 填报页面

点击“催化转化器”，完成催化转化器相关内容的填报，并点击“保存”。贵金属相关内容填报在催化转化器填报页面。国三非道路移动机械用发动机创建附录—催化转化器和贵金属相关内容填报页面见图 3.45。

机动车和非道路移动机械环保信息公开系统

首页　计划书　生产一致性和在用符合性　信息公开　数据查询　随车清单/单机　轻型国六系族　重型国六系族　授权管理　CALID&CVN　非道路国四系族　系统管理　RDE混型车型处理

催化转化器

催化转化器

催化转化器安装

催化转化器 J786-N3-286310-01 (非道路移动机械用柴油机)

催化转化器类型

请选择

催化转化器型号

贵金属总含量

g

催化转化器生产厂

贵金属相对浓度

: : (铂：铑：钯)

型号生产厂名称打刻内容

是否为钒基

请选择

或型号生产厂名称打刻内容图片

将文件拖拽到此区域

选择文件　上传文件

贵金属涂层位置

贵金属涂层作用

催化反应型式

催化转化器安装方式描述（如：独立安装、并联安装、串联安装等）

孔密度（目）

催化转化器壳体型式

请选择

催化转化器的正常工作温度范围

K

催化转化器的位置(在排气系统中的位置和基准距离)

额定转速下排气流量与载体的有效容积之比（即：空速）

(仅适用于SCR)反应剂起喷温度

监控此温度传感器位置的详细描述(如:在尿素喷射泵及SCR反应器之间，距尿素喷射器**cm,距scr反应器前端**cm)

请通过"贵金属相关内容"按钮添加或修改贵金属检测相关内容

贵金属相关内容

保存　返回

催化转化器单元

单元类别

请选择

贵金属含量Pt(g):

贵金属含量Pd(g):

贵金属含量Rh(g):

载体生产厂

载体企业名称打刻内容:

载体尺寸

载体体积（cm^3）

载体材料

载体结构

涂覆后质量（kg）

孔密度（目）

涂层生产厂

涂层材料

涂层生产厂打刻内容

相对浓度

(铂：铑：钯)

图 3.45　国三非道路移动机械用发动机创建附录—催化转化器和贵金属相关内容填报页面

点击“反应剂喷射系统”，完成对反应剂喷射系统和喷射器的填报，并点击“保存”。国三非道路移动机械用发动机创建附录—反应剂喷射系统填报页面见图 3.46。

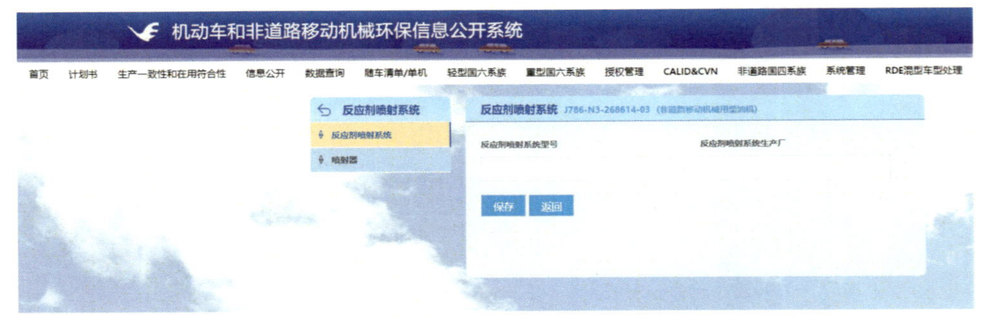

图 3.46　国三非道路移动机械用发动机创建附录—反应剂喷射系统填报页面

点击“反应剂”，完成反应剂相关内容的填报，并点击“保存”。国三非道路移动机械用发动机创建附录—反应剂填报页面见图 3.47。

图 3.47　国三非道路移动机械用发动机创建附录—反应剂填报页面

点击“NO_x 传感器”，完成 NO_x 传感器相关内容的填报，并点击“保存”。国三非道路移动机械用发动机创建附录—NO_x 传感器填报页面见图 3.48。

图 3.48　国三非道路移动机械用发动机创建附录—NO_x 传感器填报页面

点击“尿素喷射控制单元（DCU）”，完成相应内容的填报，并点击“保存”。国三非道路移动机械用发动机创建附录—尿素喷射控制单元（DCU）填报页面见图 3.49。

图 3.49　国三非道路移动机械用发动机创建附录—尿素喷射控制单元（DCU）填报页面

点击“氧传感器”，完成相应内容的填报，并点击“保存”。国三非道路移动机械用发动机创建附录—氧传感器填报页面见图 3.50。

图 3.50　国三非道路移动机械用发动机创建附录—氧传感器填报页面

点击“空气喷射装置”，完成空气喷射装置相应内容的填报，并点击“保存”。国三非道路移动机械用发动机创建附录—空气喷射装置填报页面见图 3.51。

图 3.51　国三非道路移动机械用发动机创建附录—空气喷射装置填报页面

点击“其他系统”，可以填写其他系统相关内容。国三非道路移动机械用发动机创建附录—其他系统填报页面见图 3.52。

图 3.52　国三非道路移动机械用发动机创建附录—其他系统填报页面

点击“颗粒物捕集器”，完成相应内容的填报，并点击“保存”。颗粒物控制装置单元相关内容填报在颗粒物控制装置填报页面内。国三非道路移动机械用发动机创建附录—颗粒物控制装置填报页面见图 3.53。

涂层生产厂名称打刻内容:

或型号生产厂名称打刻内容图片

将文件拖拽到此区域

选择文件　上传文件

额定转速下排气流量与过滤体有效容积之比（即：空速）

在排气系统中的位置和基准距离 mm

再生方式

请选择

再生方法描述

周期再生两次再生间的ETC试验循环次数

周期再生再生期间的ETC试验循环次数

正常工作温度范围 K

正常工作压力范围 K

载体、涂层请通过"颗粒物控制装置单元"按钮添加或修改

颗粒物控制装置单元

保存　返回

颗粒物控制装置单元

单元类别

请选择

载体生产厂

载体企业名称打刻内容:

载体尺寸

载体体积（cm^3）

载体材料

载体结构

涂覆后质量（kg）

孔密度（目）

涂层生产厂

涂层材料

涂层生产厂打刻内容

相对浓度

（铂：铑：钯）

贵金属总含量(g)

贵金属含量（g/L）

图 3.53　国三非道路移动机械用发动机创建附录—颗粒物控制装置填报页面

点击“吸收功率”，完成相应内容的填报，并点击“保存”。国三非道路移动机械用发动机创建附录—吸收功率填报页面见图 3.54。

图 3.54　国三非道路移动机械用发动机创建附录—吸收功率填报页面

点击“附件吸收功率清单”，完成相应内容的填报，并点击“保存”。国三非道路移动机械用发动机创建附录—附件吸收功率清单填报页面见图 3.55。

图 3.55　国三非道路移动机械用发动机创建附录—附件吸收功率清单填报页面

点击“排气温度传感器”，完成相应内容的填报，并点击“保存”。国三非道路移动机械用发动机创建附录—排气温度传感器填报页面见图 3.56。

图 3.56　国三非道路移动机械用发动机创建附录—排气温度传感器填报页面

点击“压力传感器”，完成相应内容的填报，并点击“保存”。国三非道路移动机械用发动机创建附录—压力传感器填报页面见图 3.57。

图 3.57　国三非道路移动机械用发动机创建附录—压力传感器填报页面

点击“试验条件的附加说明—润滑油”，完成相应内容的填报，并点击“保存”。国三非道路移动机械用发动机创建附录—试验条件的附加说明—润滑油填报页面见图 3.58。

图 3.58　国三非道路移动机械用发动机创建附录—试验条件的附加说明—润滑油填报页面

点击“喷油泵”，完成喷油泵、喷油提前、高压油管、喷油器相关内容的填报，并点击“保存”。国三非道路移动机械用发动机创建附录—喷油泵填报页面见图 3.59。

图 3.59　国三非道路移动机械用发动机创建附录—喷油泵

2. 查看与修改

完成附录创建后，在该计划书的附录列表会生成一条附录，点击操作栏查看按钮“◎”可以查看填报的附录。如该附录状态为“未备案”或“被打回”，则可对附录内容进行修改。国三非道路移动机械用发动机附录查看与修改操作页面见图 3.60。

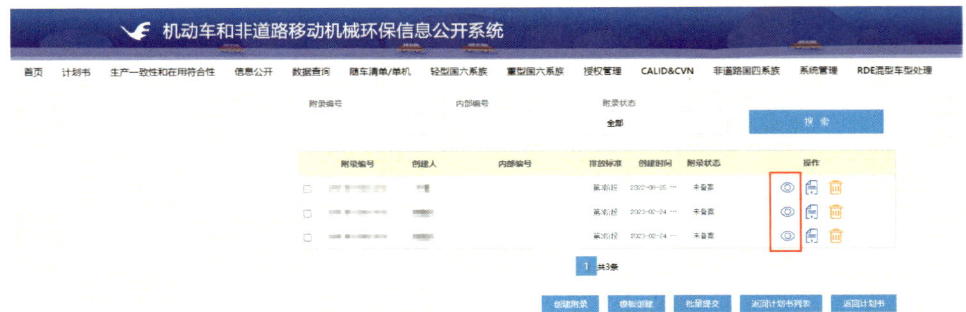

图 3.60　国三非道路移动机械用发动机附录查看与修改操作页面

3. 附录备案

填报账户在附录列表中点击提交按钮“![]”，该附录将提交审核账户，该条附录状态显示为“申请中”。国三非道路移动机械用发动机附录提交操作页面见图 3.61。

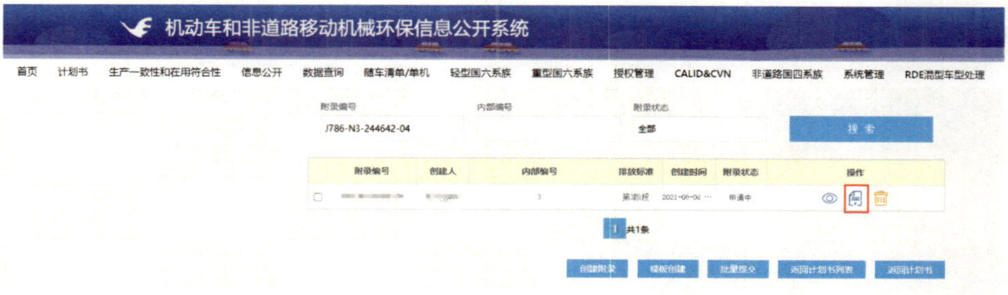

图 3.61　国三非道路移动机械用发动机附录提交操作页面

此时审核人员登录审核账户，点击对应计划书的附录按钮“”，进入该计划书附录列表。审核账户操作页面见图 3.62。

图 3.62　审核账户操作页面

审核人员点击审核按钮“”可对附录状态为“申请中”的附录进行审核通过或打回操作。点击“通过”，该条附录状态将变为“已审核待备案”，由备案账户进行备案；填写原因并点击“打回”，该条附录信息状态将变为“被打回”，填报账户可进行信息修改。审核操作页面见图 3.63。

图 3.63　审核操作页面

备案人员登录备案账户，点击对应计划书的附录按钮“”，进入该计划书附录列表。备案账户操作页面见图 3.64。

图 3.64　备案账户操作页面

备案人员点击备案按钮“”可对附录状态为“已审核待备案”的附录进行备案的通过或打回操作。点击“通过”，该条附录状态将变为“已备案”；填写打回原因并点击“打回”，则该条附录信息状态将变为“被打回”，填报账户可进行信息修改。备案操作页面见图 3.65。

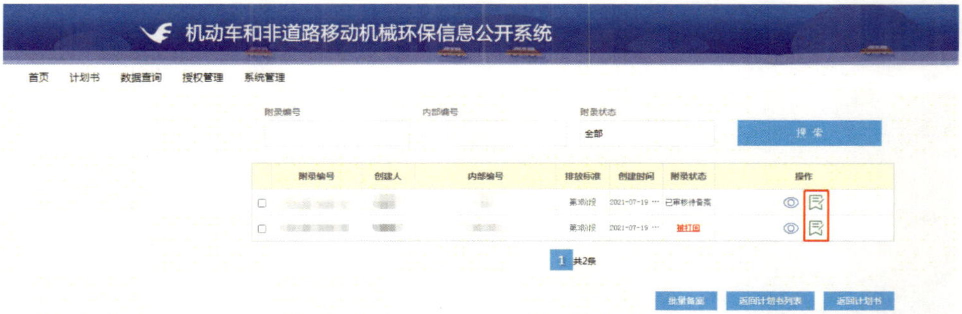

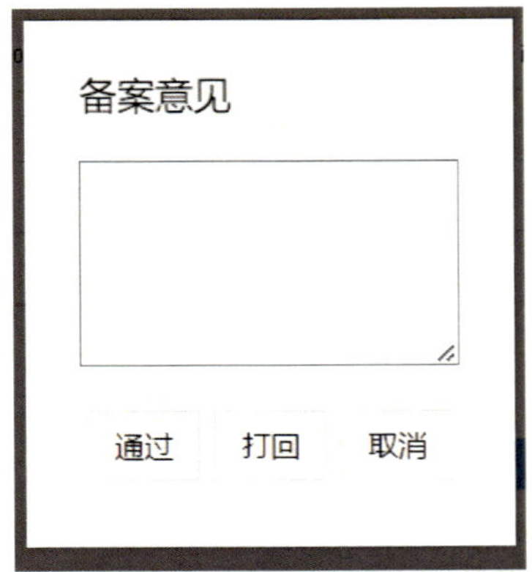

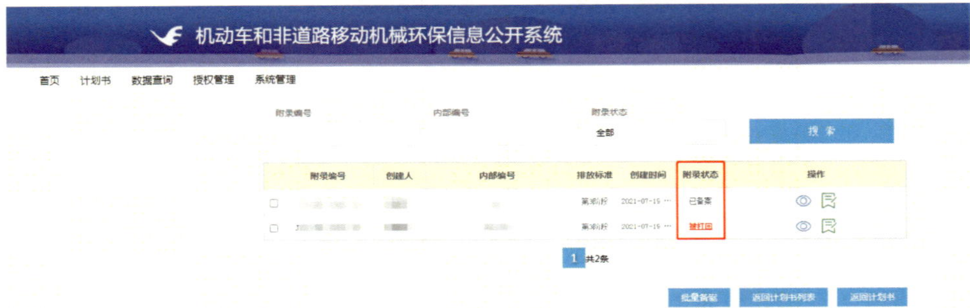

图 3.65　备案操作页面

4. 删除附录

如附录状态为未备案或被打回时，操作列中点击删除按钮将删除该条附录。国三非道路移动机械用发动机删除附录操作页面见图 3.66。

图 3.66　国三非道路移动机械用发动机删除附录操作页面

（二）国四非道路移动机械用发动机附录填报

1. 创建附录

在已创建好的第四阶段非道路移动机械用发动机计划书下，点击“创建附录”，可创建一个新的附录。点击“模板创建”，则可引用同车类同排放阶段已创建的附录，模板创建功能不支持跨车类、跨排放阶段。

根据实际情况填写发动机相关信息，如不适用可不填写。国四非道路移动机械用发动机创建附录操作页面见图 3.67。

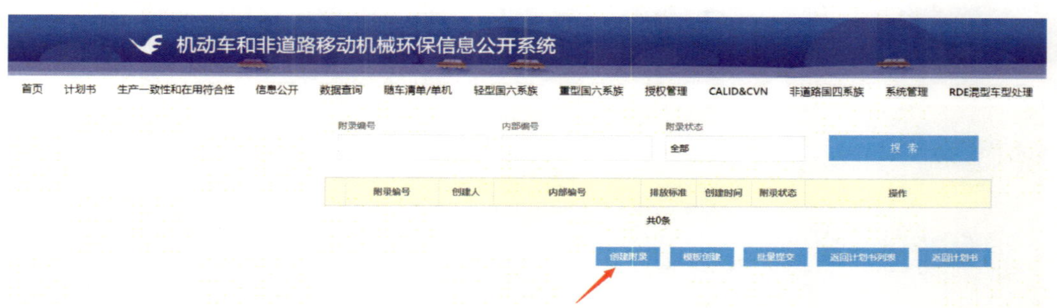

图 3.67　国四非道路移动机械用发动机创建附录操作页面

点击创建模板后进入发动机信息填报页面，填写发动机“概述”，完成相关文件的上传，并点击“保存”。国四非道路移动机械用发动机创建附录—概述填报页面见图 3.68。

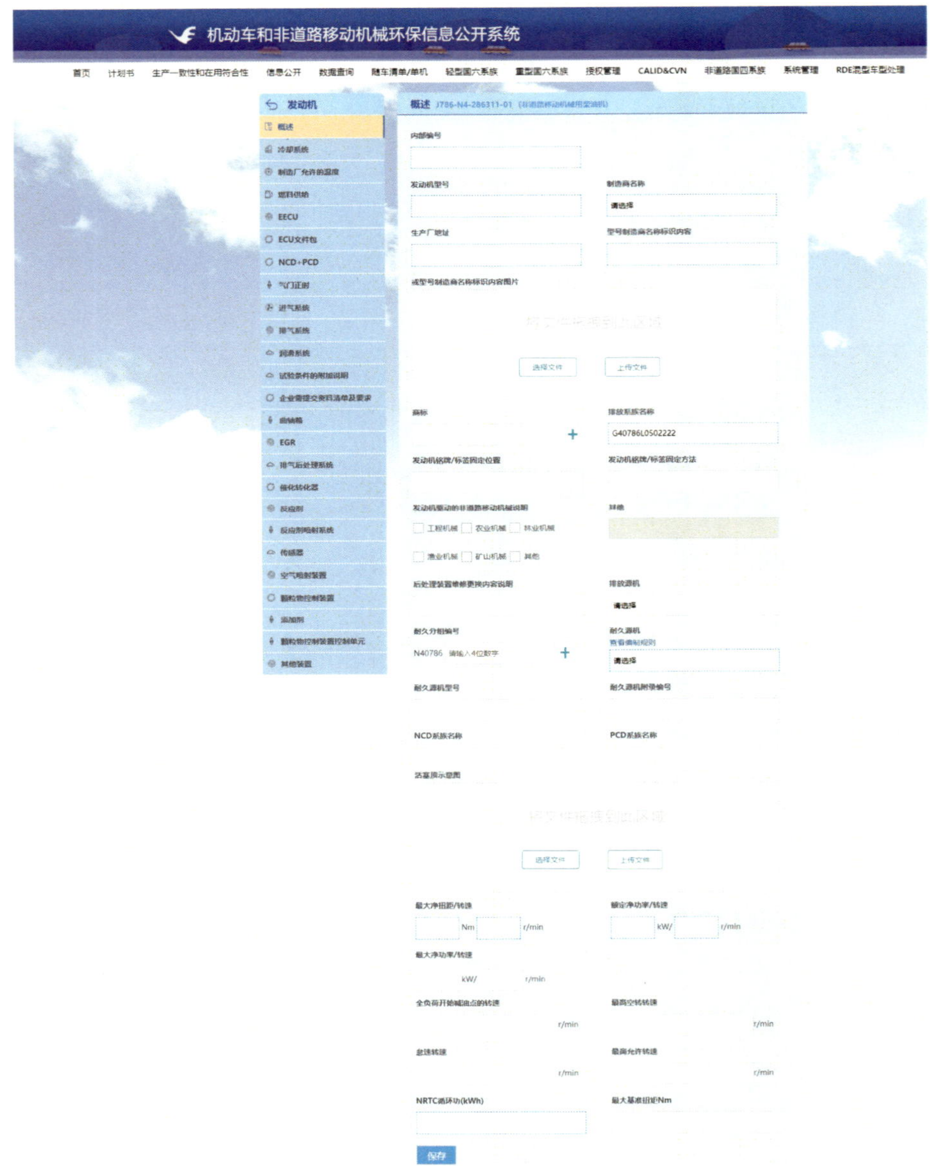

图 3.68　国四非道路移动机械用发动机创建附录—概述填报页面

点击“冷却系统”，选择冷却方式，完成相应冷却方式的参数填报，并点击“保存”。国四非道路移动机械用发动机创建附录—冷却系统填报页面见图 3.69。

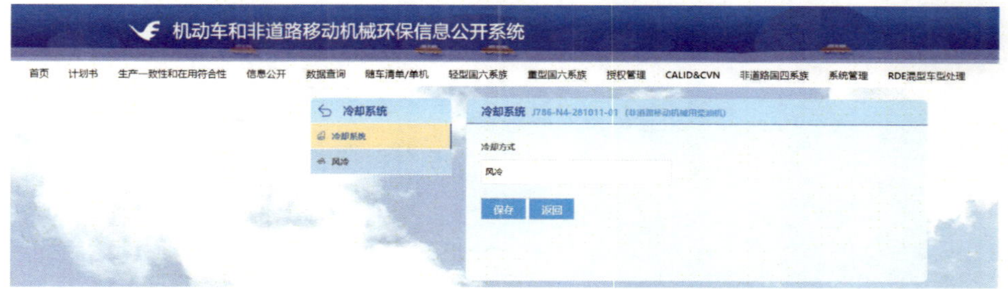

图 3.69　国四非道路移动机械用发动机创建附录—冷却系统填报页面

点击“制造厂允许的温度”，完成相应内容的填报，并点击“保存”。国四非道路移动机械用发动机创建附录—制造厂允许的温度填报页面见图 3.70。

图 3.70　国四非道路移动机械用发动机创建附录—制造厂允许的温度填报页面

点击“燃料供给”，完成燃料供给、喷油泵、共轨管、喷油器、冷启动装置、辅助启动装置、调速器等内容的填报，并点击“保存”。国四非道路移动机械用发动机创建附录—燃料供给填报页面见图 3.71。

图 3.71　国四非道路移动机械用发动机创建附录—燃料供给填报页面

点击“EECU”，完成 ECU 相应内容的填报，并点击“保存”。国四非道路移动机械用发动机创建附录—ECU 填报页面见图 3.72。

图 3.72　国四非道路移动机械用发动机创建附录—ECU 填报页面

点击“ECU 文件包”，上传文件并点击“保存”。国四非道路移动机械用发动机创建附录—ECU 文件上传填报页面见图 3.73。

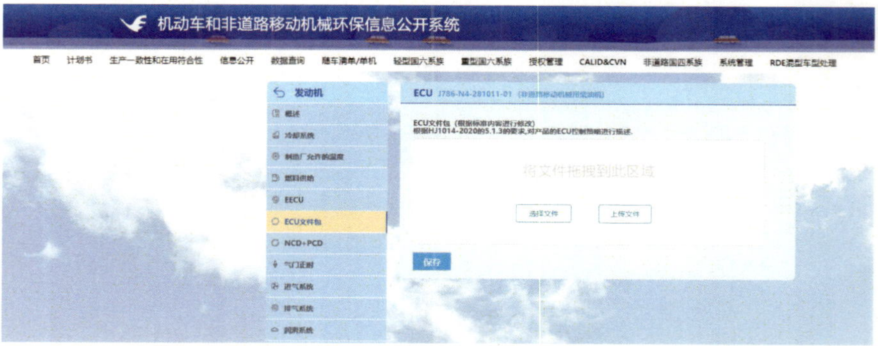

图 3.73　国四非道路移动机械用发动机创建附录—ECU 文件上传填报页面

点击“NCD+PCD”，根据发动机实际情况进行“新增”或“修改”，完成相应内容的填报，并点击“保存”。国四非道路移动机械用发动机创建附录—NCD+PCD 填报页面见图 3.74。

图 3.74　国四非道路移动机械用发动机创建附录—NCD+PCD 填报页面

点击“气门正时”，完成相应内容的填报并点击“保存”。国四非道路移动机械用发动机创建附录—气门正时填报页面见图 3.75。

图 3.75　国四非道路移动机械用发动机创建附录—气门正时填报页面

点击“进气系统”，完成进气系统、进气节流阀、增压器、中冷器型式等内容的填报，并点击“保存”。国四非道路移动机械用发动机创建附录—进气系统填报页面见图 3.76。

图 3.76　国四非道路移动机械用发动机创建附录—进气系统填报页面

点击“排气系统”，完成排气系统、排气背压阀等相应内容的填报，并点击“保存”。国四非道路移动机械用发动机创建附录—排气系统填报页面见图 3.77。

图 3.77 国四非道路移动机械用发动机创建附录—排气系统填报页面

点击“润滑系统”，完成润滑剂、润滑油泵、机油冷却器相应内容的填报，并点击“保存”。国四非道路移动机械用发动机创建附录—润滑系统填报页面见图 3.78。

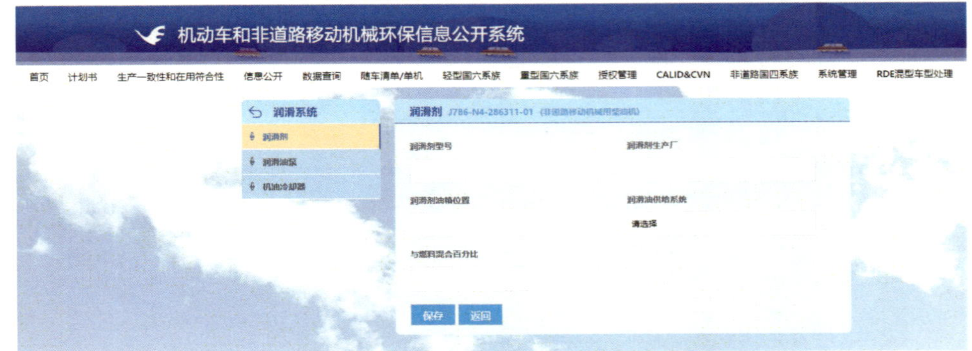

图 3.78　国四非道路移动机械用发动机创建附录—润滑系统填报页面

点击“试验条件的附加说明”，完成试验条件附加说明，排放试验发动机转速、特定转速下的吸收功率（Pa）、特定转序下的吸收功率（Pb）等内容的填报，并点击“保存”。国四非道路移动机械用发动机创建附录—试验条件的附加说明填报页面见图 3.79。

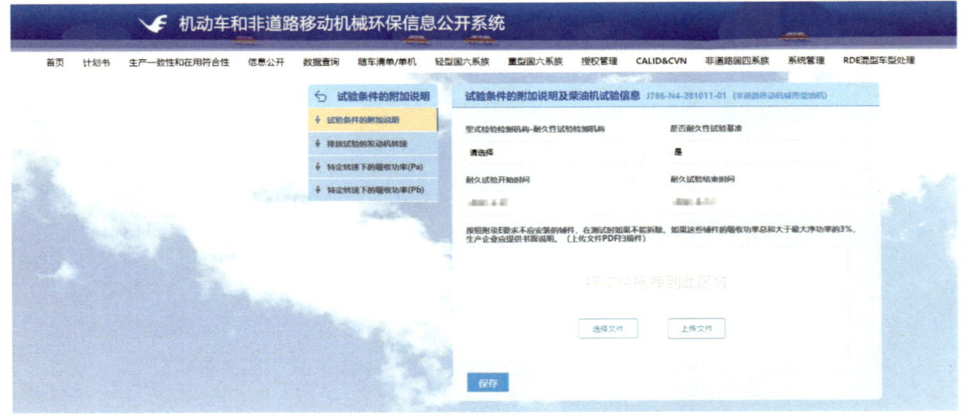

图 3.79　国四非道路移动机械用发动机创建附录—试验条件的附加说明填报页面

点击“企业需提交资料清单及要求”，上传相应文件，并点击“保存”。国四非道路移动机械用发动机创建附录—企业需提交资料清单及要求填报页面见图 3.80。

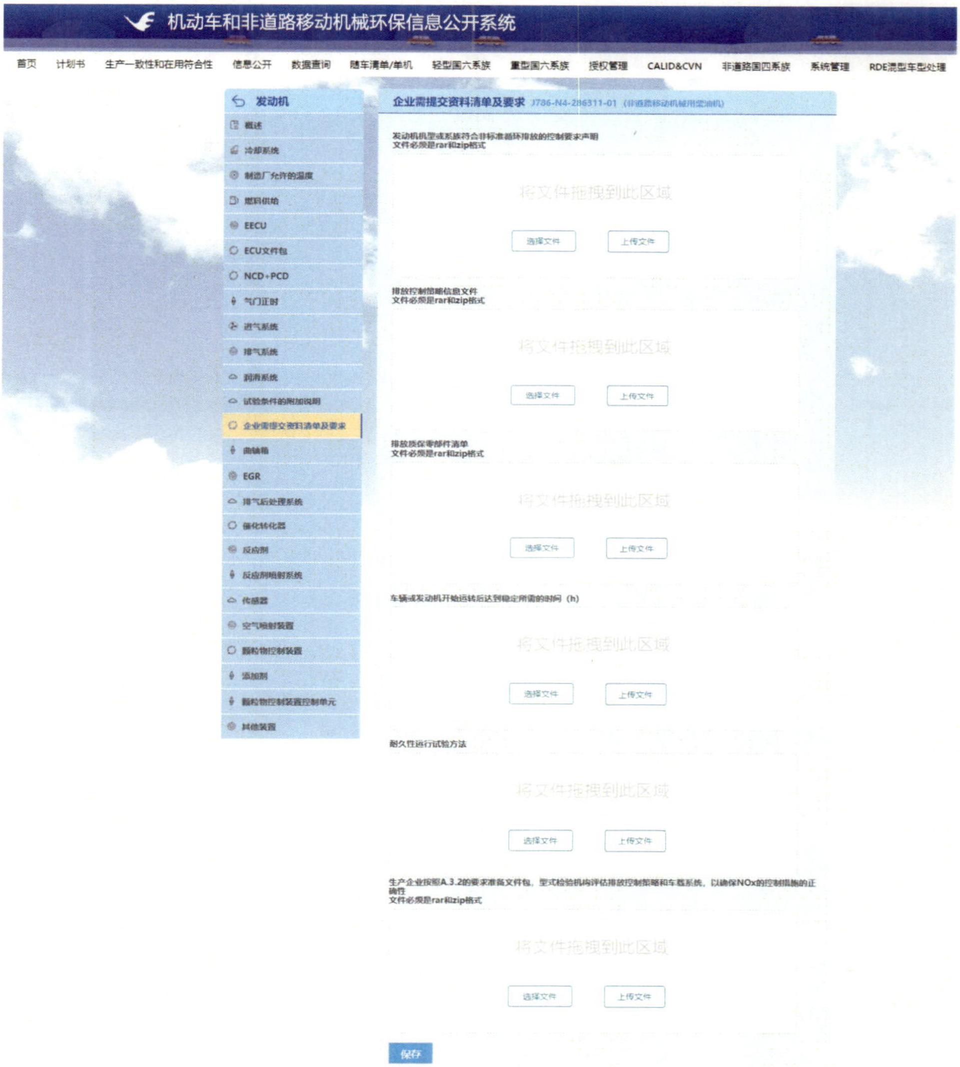

图 3.80　国四非道路移动机械用发动机创建附录—企业需提交资料清单及要求填报页面

点击“曲轴箱”，完成曲轴箱相应内容的填报，并点击“保存”。国四非道路移动机械用发动机创建附录—曲轴箱填报页面见图 3.81。

图 3.81　国四非道路移动机械用发动机创建附录—曲轴箱填报页面

点击“EGR”，完成 EGR 相应内容的填报，并点击“保存”。国四非道路移动机械用发动机创建附录—EGR 填报页面见图 3.82。

点击“排气后处理系统”，填报排气后处理系统和排气后处理系统型式相应内容，并点击“保存”。国四非道路移动机械用发动机创建附录—排气后处理系统填报页面见图 3.83。

机动车和非道路移动机械环保信息公开系统

首页　计划书　生产一致性和在用符合性　信息公开　数据查询　随车清单/单机　轻型国六系族　重型国六系族　授权管理　CALID&CVN　非道路国四系族　系统管理　RDE混型车型处理

发动机

概述　冷却系统　制造厂允许的温度　燃料供给　EECU　ECU文件包　NCD+PCD　气门正时　进气系统　排气系统　润滑系统　试验条件的附加说明　企业需提交资料清单及要求　曲轴箱　EGR　排气后处理系统　催化转化器　反应剂　反应剂喷射系统　传感器　空气喷射装置　颗粒物控制装置　添加剂　颗粒物控制装置控制单元　其他装置

EGR

EGR型号　EGR生产厂

型号生产厂名称打刻内容

或打刻内容图片

将文件拖拽到此区域

选择文件　上传文件

特征曲线示意图

将文件拖拽到此区域

选择文件　上传文件

EGR控制方式　请选择　冷却系统　请选择

EGR率(描述)　EGR流量

冷却方式

EGR系统在低温环境下控制策略以及系统在低温环境下运行对排放影响的说明。

将文件拖拽到此区域

选择文件　上传文件

保存　返回

图 3.82　国四非道路移动机械用发动机创建附录—EGR 填报页面

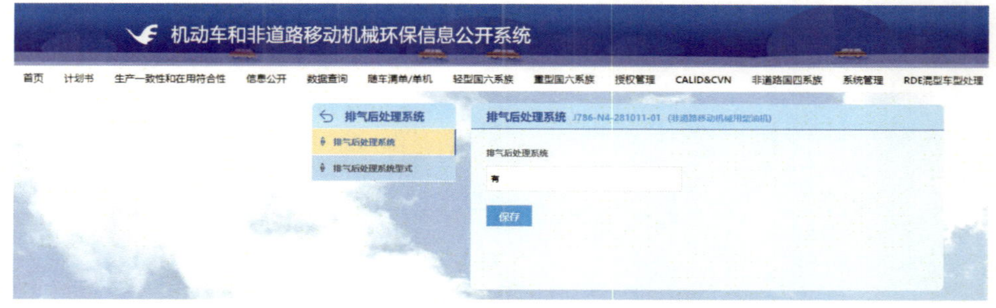

图 3.83　国四非道路移动机械用发动机创建附录—排气后处理系统填报页面

点击“催化转化器”，完成催化转化器相应内容的填报，并点击“保存”。某一类别超过1个才需要安装，如1个DOC+1个DPF+2个SCR+2个ASC的情况，DOC只有1个无须安装。贵金属相关内容填报在催化转化器填报页面。国四非道路移动机械用发动机创建附录—催化转化器填报页面见图3.84。

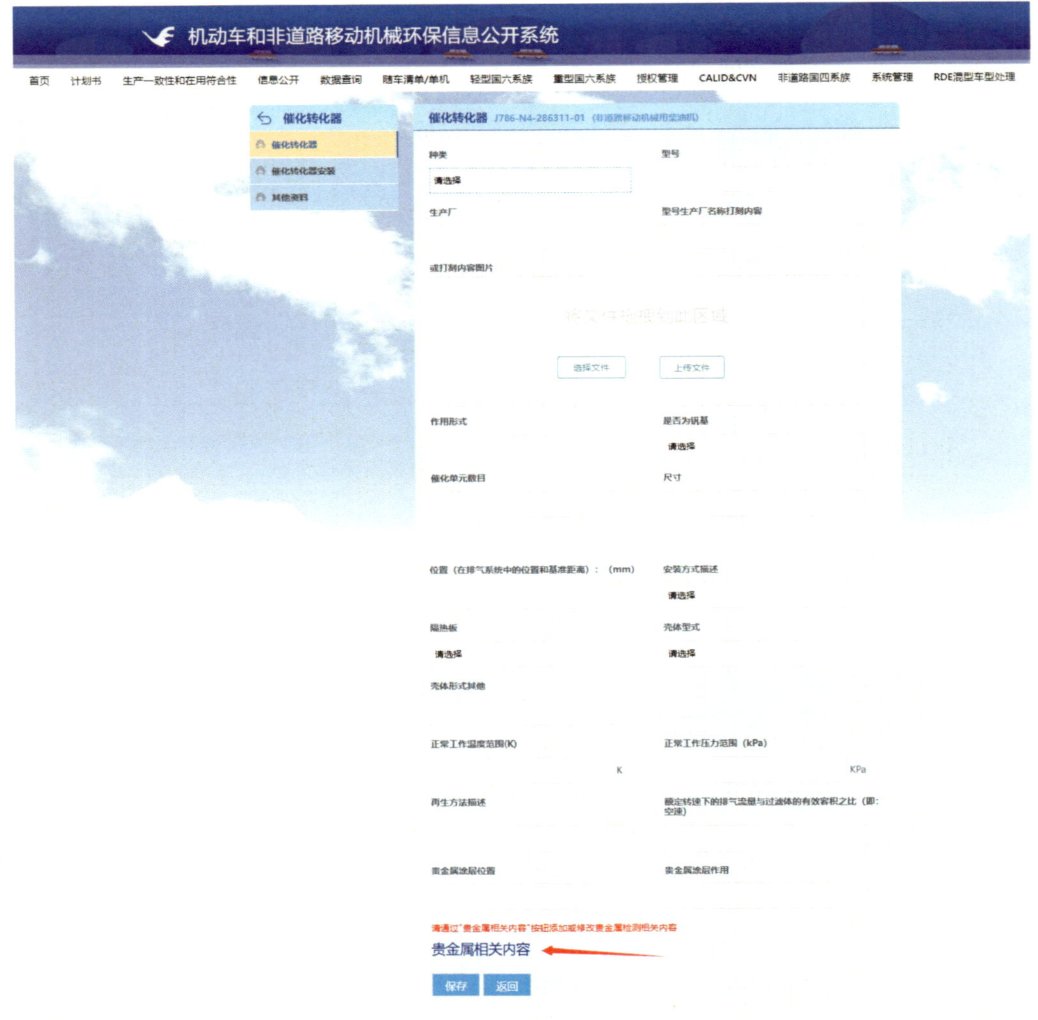

催化转化器单元

单元类别
请选择
贵金属含量Pt(g):
贵金属含量Pd(g):
贵金属含量Rh(g):
载体生产厂
载体企业名称打刻内容
载体尺寸
载体体积（cm³）
载体材料
载体结构
涂覆后质量（kg）
孔密度（目）
涂层生产厂
涂层材料
涂层生产厂打刻内容
相对浓度
(铂：铑：钯)

图 3.84　国四非道路移动机械用发动机创建附录—催化转化器填报页面

点击“反应剂”，完成反应剂相应内容的填报并点击“保存”。国四非道路移动机械用发动机创建附录—反应剂填报页面见图 3.85。

机动车和非道路移动机械环保信息公开系统

首页　计划书　生产一致性和在用符合性　信息公开　数据查询　随车清单/单机　轻型国六系族　重型国六系族　授权管理　CALID&CVN　非道路国四系族　系统管理　RDE混型车型处理

发动机
概述
冷却系统
制造厂允许的温度
燃料供给
EECU
ECU文件包
NCD+PCD
气门正时
进气系统
排气系统
润滑系统
试验条件的附加说明
企业需提交资料清单及要求
曲轴箱
EGR
排气后处理系统
催化转化器
反应剂
反应剂喷射系统

反应剂

名称
生产厂
类型
浓度
正常工作温度范围
K
执行标准
反应剂起喷温度（K）
反应剂喷射位置
存储罐允许的最大压力（KPa）（适用固态反应剂）
存储罐允许的最高温度（℃）（适用固态反应剂）
加热方式（适用固态反应剂）
启动后常温下的建压时间（min）（适用固态反应剂）
补充频率
请选择
反应剂起喷压力（KPa）（适用固态反应剂）
保存　返回

图 3.85　国四非道路移动机械用发动机创建附录—反应剂填报页面

点击“反应剂喷射系统”，完成对反应剂喷射系统、反应剂喷射泵、反应剂喷射控制单元（DCU）的填报，并点击“保存”。国四非道路移动机械用发动机创建附录—反应剂喷射系统填报页面见图 3.86。

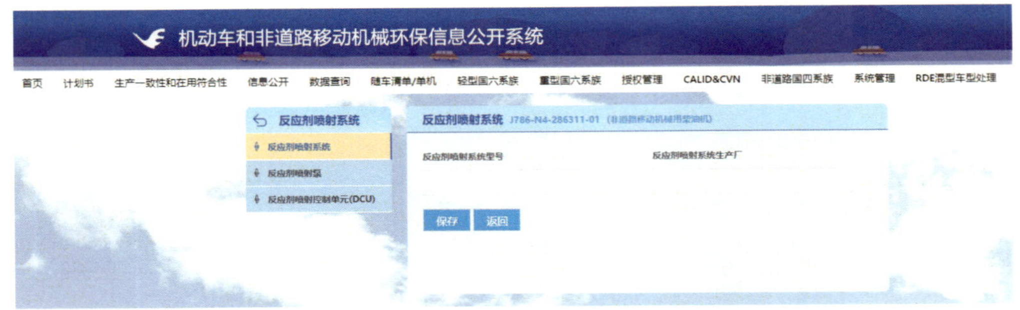

图 3.86　国四非道路移动机械用发动机创建附录—反应剂喷射系统填报页面

点击“传感器”，完成反应剂传感器、反应剂液位传感器、反应剂质量传感器、NO_x 传感器、NO_x 传感器安装、NH_3 传感器、氧传感器、排温传感器、压力传感器、压差传感器、颗粒物传感器等相应内容的填报，并点击“保存”。国四非道路移动机械用发动机创建附录—传感器填报页面见图 3.87。

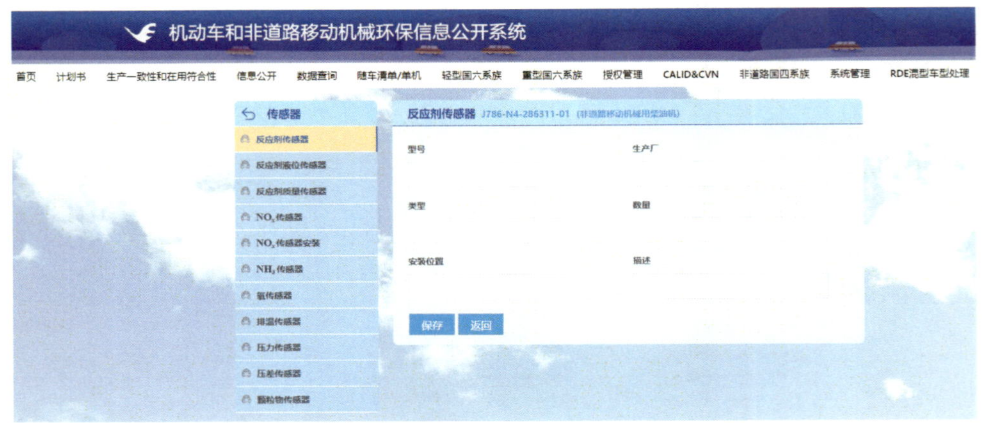

图 3.87　国四非道路移动机械用发动机创建附录—传感器填报页面

点击“空气喷射装置”，完成相应内容的填报，并点击“保存”。国四非道路移动机械用发动机创建附录—空气喷射装置填报页面见图 3.88。

图 3.88　国四非道路移动机械用发动机创建附录—空气喷射装置填报页面

点击“颗粒物控制装置”，完成相应内容的填报，并点击“保存”。颗粒物控制装置单元相关内容填报在颗粒物控制装置填报页面内。国四非道路移动机械用发动机创建附录—颗粒物控制装置填报页面见图 3.89。

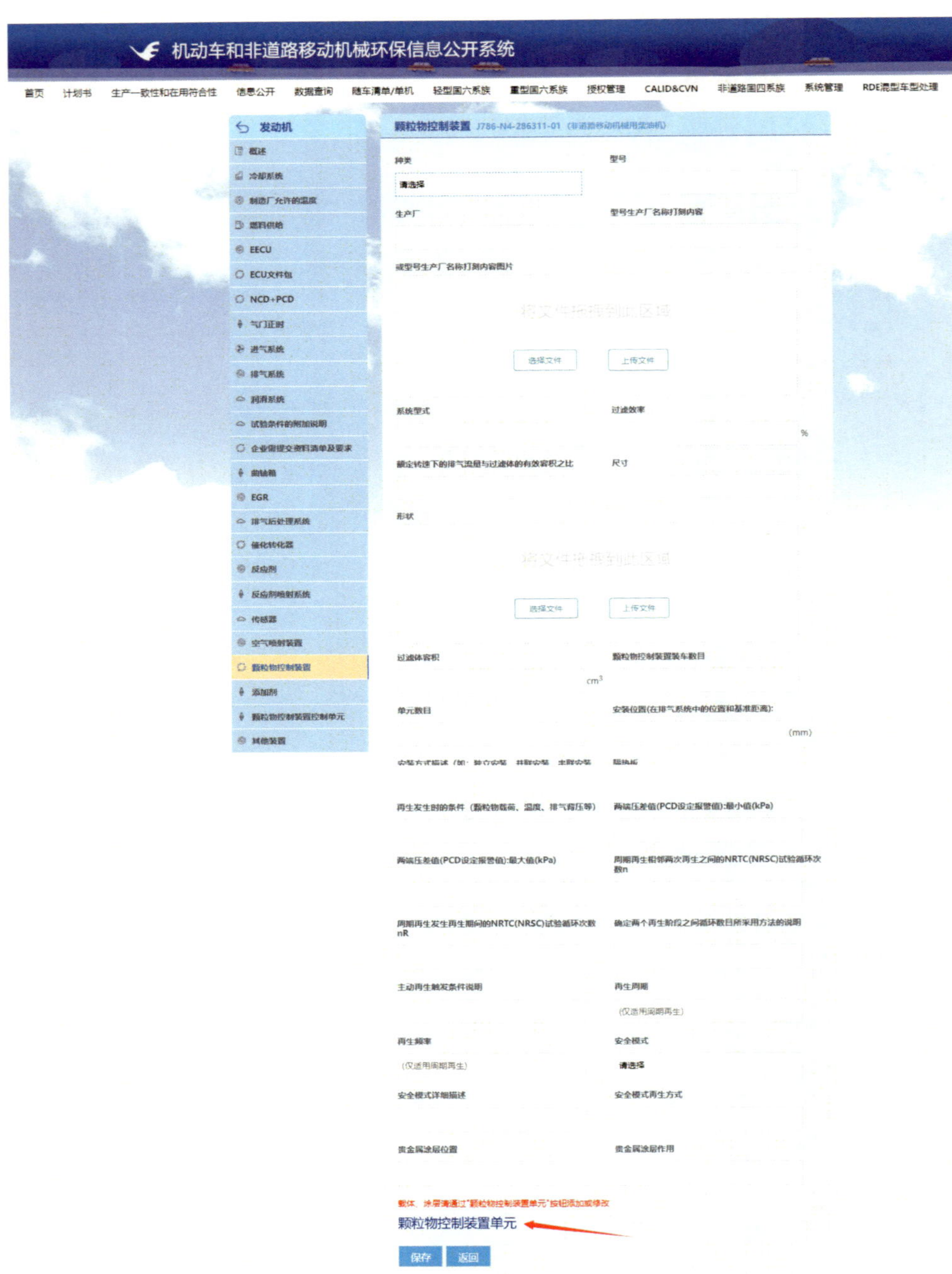
机动车和非道路移动机械环保信息公开系统
首页
计划书
生产一致性和在用符合性
信息公开
数据查询
随车清单/单机
轻型国六系族
重型国六系族
授权管理
CALID&CVN
非道路国四系族
系统管理
RDE混型车型处理
发动机
概述
冷却系统
制造厂允许的温度
燃料供给
EECU
ECU文件包
NCD+PCD
气门正时
进气系统
排气系统
润滑系统
试验条件的附加说明
企业需提交资料清单及要求
曲轴箱
EGR
排气后处理系统
催化转化器
反应剂
反应剂喷射系统
传感器
空气喷射装置
颗粒物控制装置
添加剂
颗粒物控制装置控制单元
其他装置
颗粒物控制装置
种类
型号
请选择
生产厂
型号生产厂名称打刻内容
选择文件
上传文件
系统型式
过滤效率
%
额定转速下的排气流量与过滤体的有效容积之比
尺寸
形状
过滤体容积
颗粒物控制装置装车数目
cm³
单元数目
安装位置(在排气系统中的位置和基准距离):
(mm)
再生发生时的条件（颗粒物载荷、温度、排气背压等）
两端压差值(PCD设定报警值):最小值(kPa)
两端压差值(PCD设定报警值):最大值(kPa)
周期再生相邻两次再生之间的NRTC(NRSC)试验循环次数n
周期再生发生再生期间的NRTC(NRSC)试验循环次数nR
确定两个再生阶段之间循环数目所采用方法的说明
主动再生触发条件说明
再生周期
(仅适用间隔再生)
再生频率
安全模式
(仅适用间隔再生)
请选择
安全模式详细描述
安全模式再生方式
贵金属涂层位置
贵金属涂层作用
颗粒物控制装置单元
保存
返回

颗粒物控制装置单元

单元类别

请选择

载体生产厂　　载体企业名称打刻内容

载体尺寸　　载体体积（cm³）

载体材料　　载体结构

涂覆后质量（kg）　　孔密度（目）

涂层生产厂　　涂层材料

涂层生产厂打刻内容　　相对浓度

（铂：铑：钯）

贵金属总含量(g)　　贵金属含量（g/L）

图 3.89　国四非道路移动机械用发动机创建附录—颗粒物控制装置填报页面

点击“添加剂”，完成添加剂相应内容的填报，并点击“保存”。国四非道路移动机械用发动机创建附录—添加剂填报页面见图 3.90。

图 3.90　国四非道路移动机械用发动机创建附录—添加剂填报页面

点击“颗粒物控制装置控制单元”，完成控制单元相应内容的填报，并点击“保存”。国四非道路移动机械用发动机创建附录—颗粒物控制装置控制单元填报页面见图 3.91。

图 3.91　国四非道路移动机械用发动机创建附录—颗粒物控制装置控制单元填报页面

点击“其他装置”，可进行其他装置的填报。国四非道路移动机械用发动机创建附录—其他装置填报页面见图 3.92。

图 3.92　国四非道路移动机械用发动机创建附录—其他装置填报页面

2. 查看与修改

完成附录创建后，在该计划书的附录列表会生成一条附录，点击操作栏查看按钮“◎”可以查看填报的附录。如该附录状态为“未备案”或“被打回”，则可对附录内容进行修改。国四非道路移动机械用发动机附录查看与修改填报页面见图 3.93。

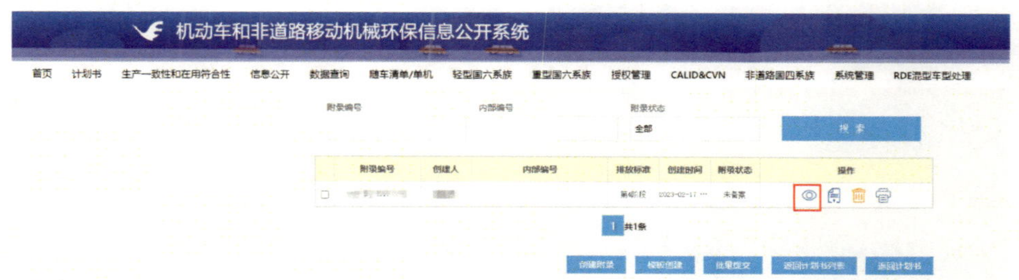

图 3.93　国四非道路移动机械用发动机附录查看与修改填报页面

3. 附录备案

填报账户在附录列表中点击提交按钮“”，该附录将提交审核账户，该条附录状态显示为“申请中”。国四非道路移动机械用发动机附录提交操作页面见图 3.94。

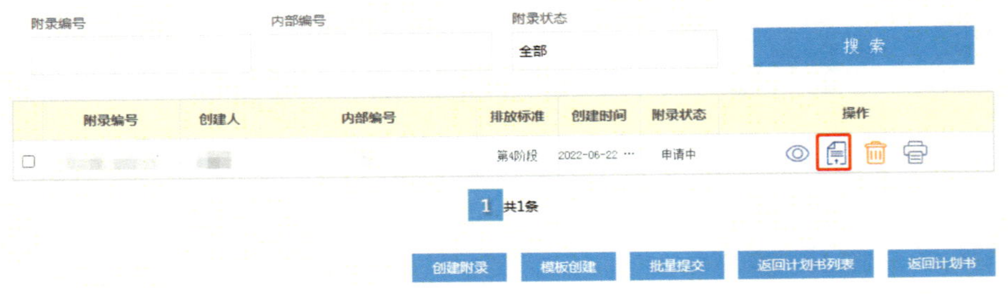

图 3.94　国四非道路移动机械用发动机附录提交操作页面

此时审核人员登录审核账户，点击对应计划书的附录按钮“”，进入该计划书附录列表。审核账户操作页面见图 3.95。

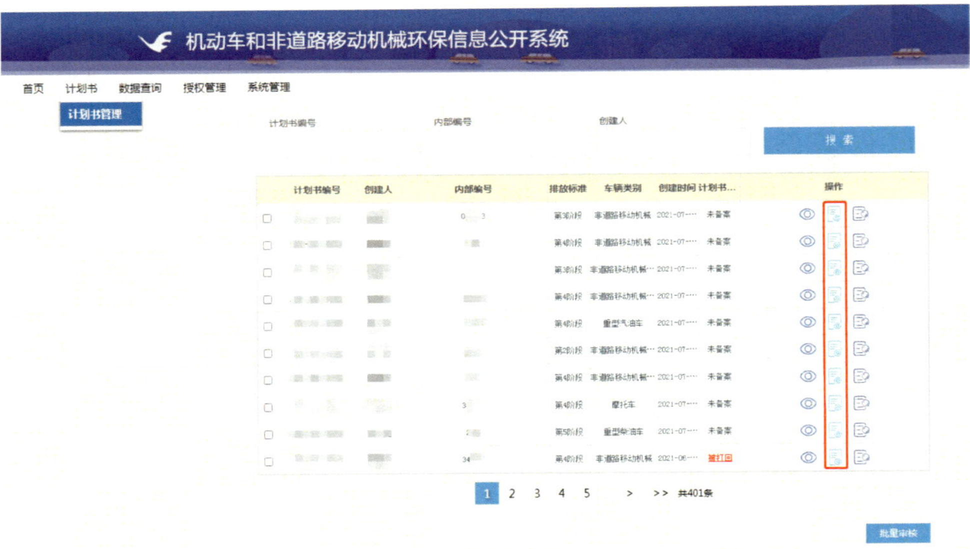

图 3.95　审核账户操作页面

审核人员点击审核按钮“”可对附录状态为“申请中”的附录进行审核通过或打回操作。点击“通过”，该条附录状态将变为“已审核待备案”，由备案账户进行备案；填写打回原因并点击“打回”，该条附录信息状态将变为“被打回”，填报账户可进行信息修改。审核操作页面见图 3.96。

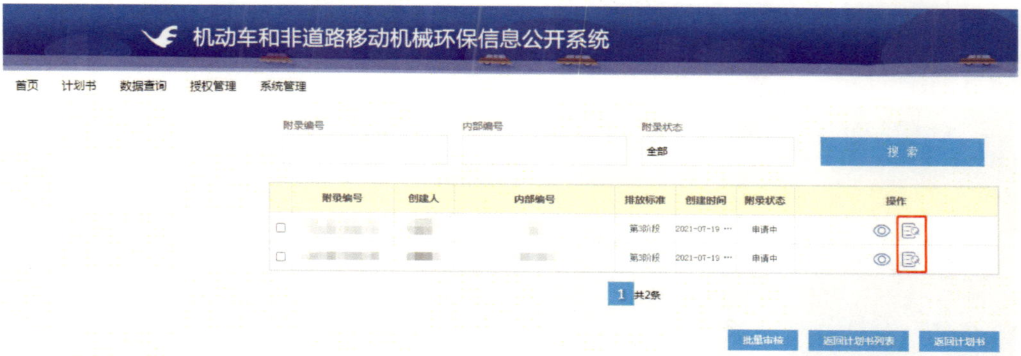

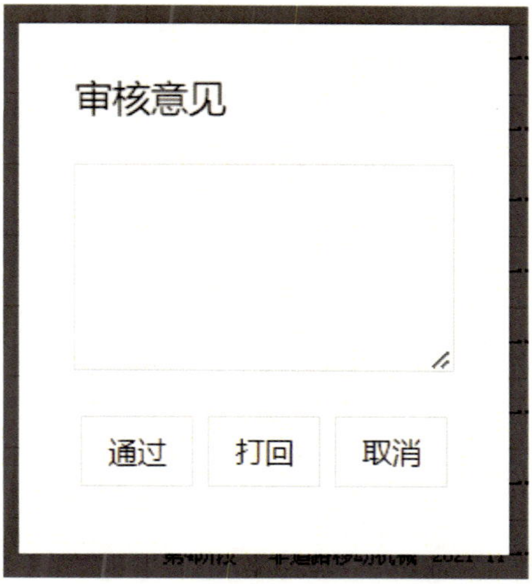

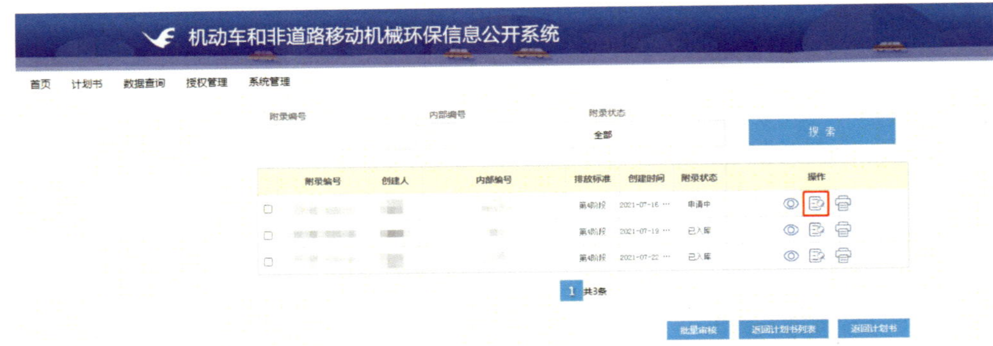

图 3.96　审核操作页面

备案人员登录备案账户，点击对应计划书的附录按钮“ ”，进入该计划书附录列表。备案账户操作页面见图 3.97。

图 3.97　备案账户操作页面

备案人员点击备案按钮“ ”可对附录状态为“已审核待备案”的附录进行备案的通过或打回操作。点击“通过”，该条附录状态将变为“已备案”；填写打回原因并点击“打回”，则该条附录信息状态将变为

"被打回"，填报账户可进行信息修改。备案操作页面见图 3.98。

图 3.98　备案操作页面

4. 删除附录

如附录状态为未备案或被打回时，操作列中点击删除按钮将删除该条附录。国四非道路移动机械用发动机删除附录操作页面见图 3.99。

图 3.99　国四非道路移动机械用发动机删除附录操作页面

三、开展型式检验

完成非道路柴油发动机附录备案后，由授权的检验机构下载已备案附录，按相关标准要求开展型式检验。

四、信息公开或入库

检验机构完成发动机型式试验，上传检验报告后，企业可以在数据查询模块下的检验报告页面，通过检验报告编号等信息进行查询。若发动机已上传完整的检验报告，即可进行信息公开或入库。信息公开表的创建（发送）、审核和公开需要不同权限账户进行操作。检验报告查询页面见图 3.100。

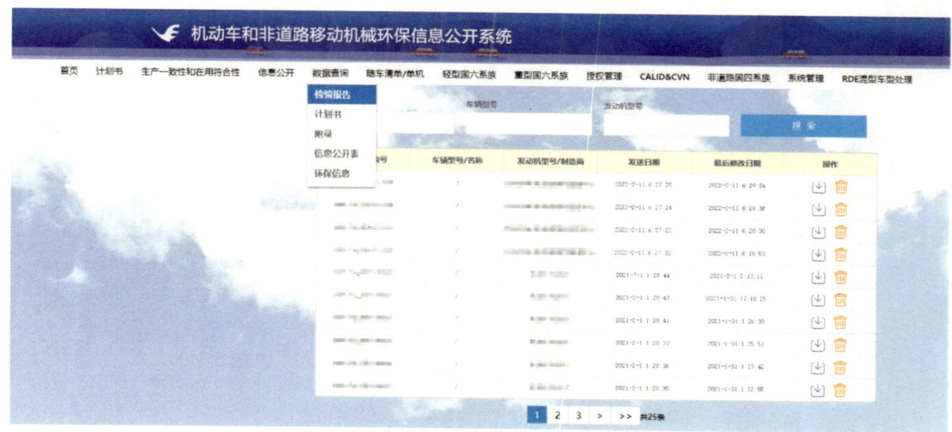

图 3.100　检验报告查询页面

（一）创建信息公开表

在信息公开模块下通过系族名称等信息进行搜索。在搜索出的列表中选中选项，点击“创建信息公开表”。信息公开表创建页面见图 3.101。

图 3.101　信息公开表创建页面

选择排放阶段，选择“是否进口”和“耐久标准推荐劣化系数”等选项，并点击“下一步”。开始创建信息公开表操作页面见图 3.102。

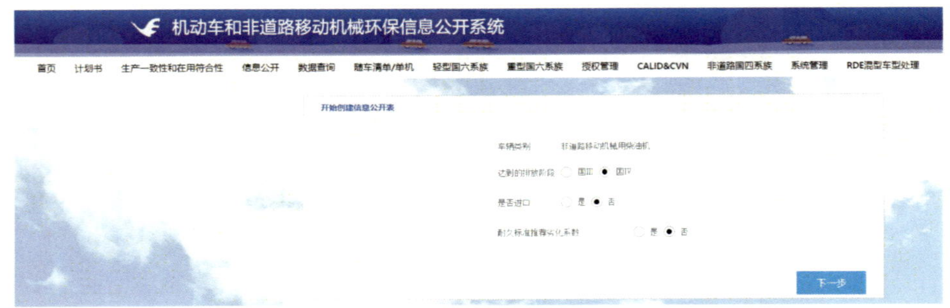

图 3.102 开始创建信息公开表操作页面

选择需要的贵金属、排气污染、耐久性、NCD、PCD 配置，并点击“下一步”。信息公开表信息选择页面见图 3.103。

机动车和非道路移动机械环保信息公开系统

首页 计划书 生产一致性和在用符合性 信息公开 数据查询 随车清单/单机 轻型国六系族 重型国六系族 授权管理 CALID&CVN 非道路国四系族 系统管理 RDE混型车型处理

贵金属

种类	报告编号	配置编号	选项

排气污染

种类	报告编号	配置编号	选项

耐久性

种类	报告编号	配置编号	选项

NCD、PCD

种类	报告编号	配置编号	选项

上一步 下一步

图 3.103 信息公开表信息选择页面

选择企业信息公开网址，并点击“下一步”。企业信息公开网址选择页面见图 3.104。

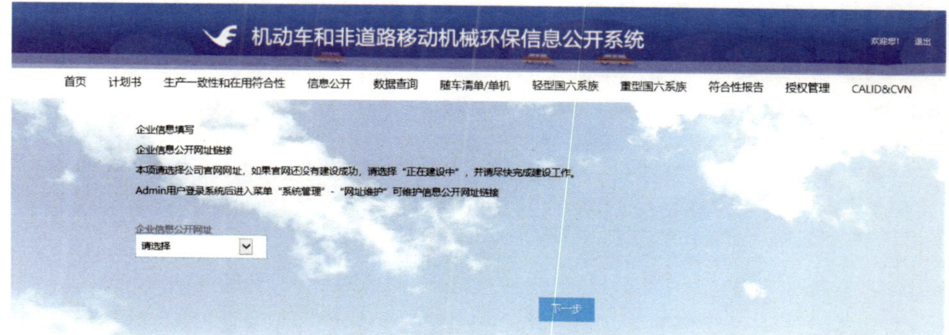

图 3.104　企业信息公开网址选择页面

系统将提示成功创建信息公开表。成功创建信息公开表页面见图 3.105。

图 3.105　成功创建信息公开表页面

（二）提交信息公开表

已创建的信息公开表可以点击“数据查询”模块下的“信息公开表”，通过申报编号、状态、发动机型号或创建人进行搜索。在搜索结果列表中选中“待提交”的信息公开表，点击“提交信息公开表”。

若提交的信息公开表通过系统校验，则该信息公开表将自动生成信息公开编号，状态由“未发送”变为“待审核”，由审核账户进行审核。若提交的信息公开表未通过系统校验，则不会生成信息公开编号，该条信息公开表状态将变为“被打回”。一经打回，该信息公开表将无法再次提交。信息公开表提交页面见图 3.106。

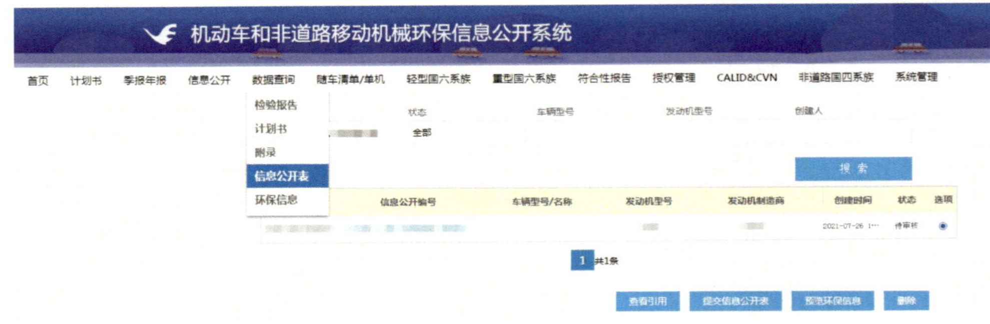

图 3.106　信息公开表提交页面

（三）审核信息公开表

审核账户人员登录系统后，点击“数据查询”模块下的“信息公开表”，可通过申报编号、状态、发动机型号或创建人进行搜索。在搜索结果列表中选中“待审核”的信息公开表，点击“预览环保信息”。审核账户审核信息公开表入口见图 3.107。

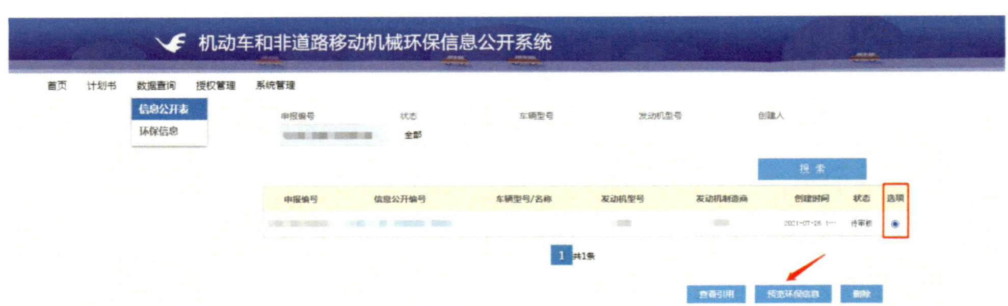

图 3.107　审核账户审核信息公开表入口

在预览环保信息页面，完成所有信息的核对后，在页面底部可以选择审核通过或退回申请。点击“审核通过”，填写原因并提交后，该信息公开表将提交至备案账户进行公开或入库，状态变为“已审核待公开”；若点击“退回申请”，填写原因并提交后，该条信息公开表状态将变为“被打回”。一经打回，该条信息公开表将无法再次提交。审核账户审核信息公开表操作页面见图 3.108。

非道路移动机械柴油机环保信息

信息公开编号：

：本企业依据《中华人民共和国大气污染防治法》和生态环境部相关规定公开机非道路移动机械柴油机环保信息，本企业对公开的所有内容的真实性、准确性、及时性和完整性负责。本公司承诺：我公司型号为的非道路移动机械用柴油机符合《非道路移动机械用柴油机排气污染物排放限值及测量方法（中国第三、四阶段）》（GB 20891-2014）第四阶段、《非道路柴油移动机械污染物排放控制技术要求》（HJ 1014—2020）的要求，并能够符合标准规定的环境保护耐久性要求。

第一部分 发动机基本信息

1、发动机型号：	
2、系族名称：	
3、厂牌：	
4、排放阶段：	
5、铭牌位置：	
6、制造商名称：	
7、生产企业地址：	

第二部分 检验信息

8、型式检验信息：

依据的标准	检测机构	检测结论
HJ1014-2020		符合
GB20891-2014		符合

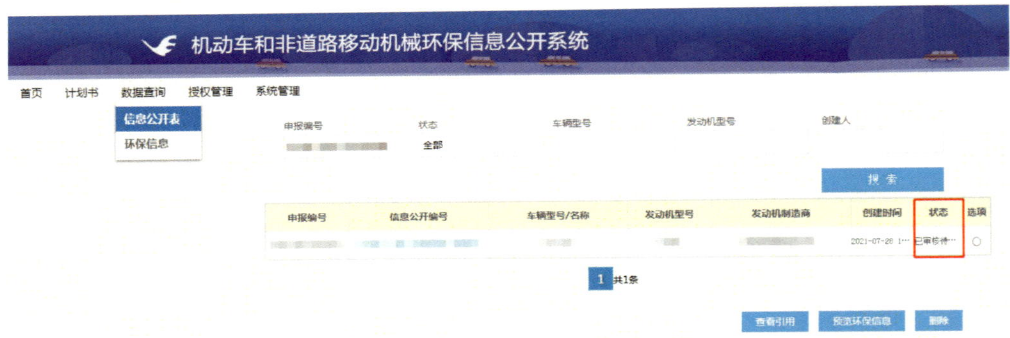

图 3.108　审核账户审核信息公开表操作页面

（四）公开信息公开表

备案账户人员登录系统后，点击“数据查询”模块下的“信息公开表”，可通过申报编号、状态、发动机型号或创建人进行搜索。在搜索结果列表中选中“已审核待公开”的信息公开表，点击“预览环保信息”。备案账户操作页面见图 3.109。

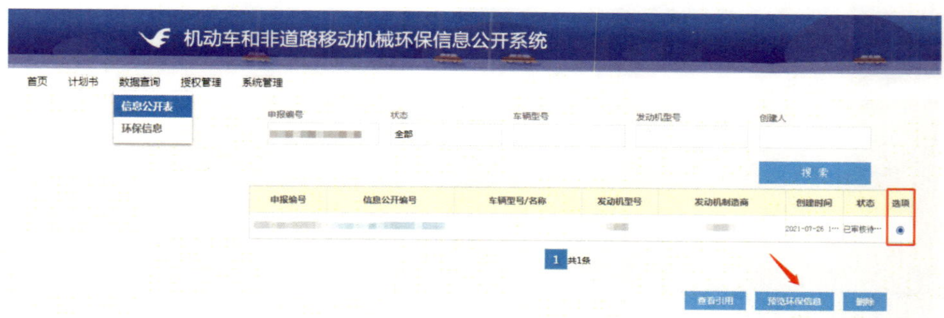

图 3.109　备案账户操作页面

在“预览环保信息”页面，完成所有信息的核对后，在页面底部可以选择“确认公开”“确认入库”或“退回申请”。备案账户人员确认信息公开操作页面见图 3.110。

非道路移动机械柴油机环保信息

信息公开编号

本企业依据《中华人民共和国大气污染防治法》和生态环境部相关规定公开机非道路移动机械柴油机环保信息，本企业对公开的所有内容的真实性、准确性、及时性和完整性负责。本公司承诺：我公司型号为的非道路移动机械用柴油机符合《非道路移动机械用柴油机排气污染物排放限值及测量方法（中国第三、四阶段）》（GB 20891-2014）第四阶段、《非道路柴油移动机械污染物排放控制技术要求》（HJ 1014—2020）的要求，并能够符合标准规定的环境保护耐久性要求。

第一部分 发动机基本信息

1、发动机型号	
2、系统名称	
3、厂牌	
4、排放阶段	
5、铭牌位置	
6、制造商名称	
7、生产企业地址	

第二部分 检验信息

8、型式检验信息：

依据的标准	检测机构	检测结论
HJ1014-2020		符合
GB20891-2014		符合
HJ509-2009		符合

9、生产一致性保证计划及执行情况

图 3.110　备案账户人员确认信息公开操作页面

点击“确认公开”，在弹出框中点击“确定”，则完成该非道路移动机械用发动机的信息公开；点击“确认入库”，在弹出框中点击“确定”，则完成该非道路移动机械用发动机的入库；点击“退回申请”，填写原因并提交后，该条信息公开表状态将变为“被打回”。一经打回，该条信息公开表将无法再次提交。确认意见操作页面见图 3.111。

×

确定要公开吗？请仔细确认待公开的车型环保信息数据的准确性。

信息公开后，车型环保信息表及其相关附录将不得修改。如有错误应按照变更程序进行操作

确定　取消

×

确定要入库吗？请仔细确认待入库的发动机环保信息数据的准确性。

信息入库后，发动机环保信息表及其相关附录将不得修改，所有整车厂有权利使用发动机所有的相关数据。

环保信息如有错误应按照变更程序进行操作

确定　取消

图 3.111　确认意见操作页面

第 四 章

非道路移动机械用发动机企业授权

赵 鑫

非道路移动机械用发动机企业完成发动机公开或入库后需对搭载发动机的机械企业进行授权。

一、企业授权

点击首页“授权管理”—“授权管理”，进入授权管理主页面。授权管理主页面见图 4.1。

图 4.1 授权管理主页面

授权管理页面可通过搜索相关企业名称，查找企业并进行企业的整体授权、附录授权、PEMS 授权和 OBD 授权。其中，整体授权是将本企业所有附录信息进行授权；附录授权可选择对应附录进行授权；OBD 授权可选择对应 OBD 系族进行授权；PEMS 授权与非道路信息公开无关。授权管理页面见图 4.2。

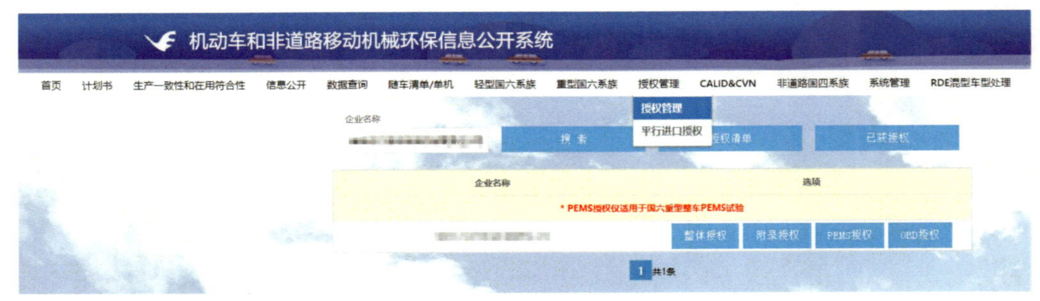

图 4.2 授权管理页面

在搜索列表中点击“整体授权”，上传文件并点击“提交”，完成整体授权。整体授权页面见图 4.3。

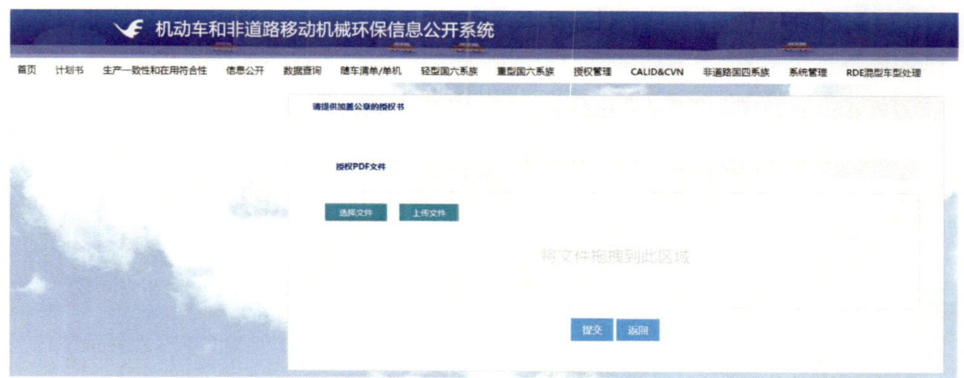

图 4.3　整体授权页面

在搜索列表中点击“附录授权”，根据附录编号选择相应附录，并点击授权按钮“◎”，完成附录授权。附录授权页面见图 4.4。

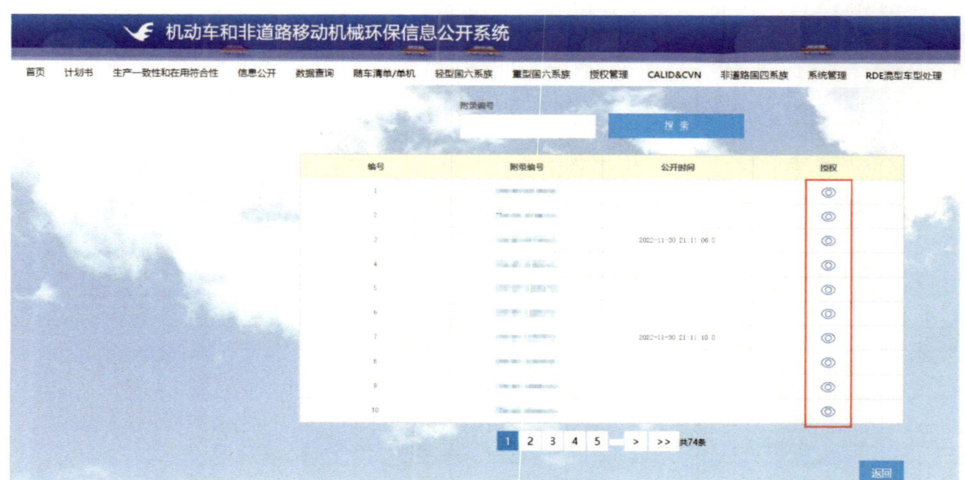

图 4.4　附录授权页面

在搜索列表中点击“OBD 授权”，根据名称选择相应 OBD 系族，并点击授权按钮“◎”，完成 OBD 授权。OBD 授权页面见图 4.5。

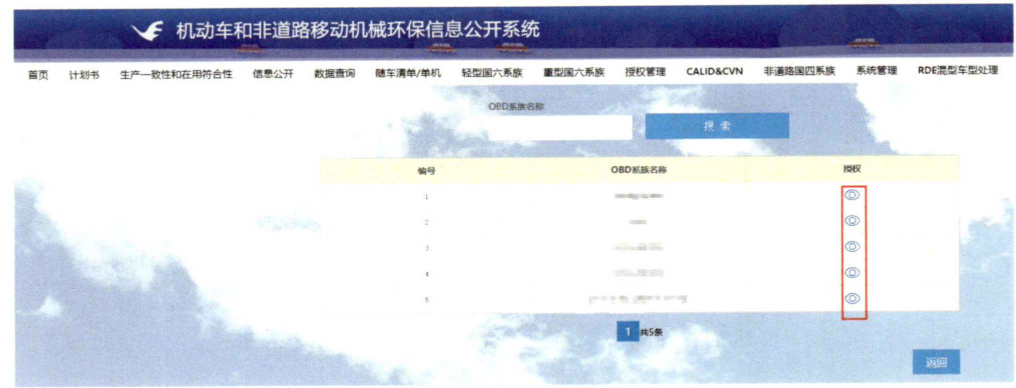

图 4.5　OBD 授权页面

二、授权查询

点击首页“授权管理”—“授权管理”，页面中“授权清单”和“已获授权”按钮分别可查询本企业授予其他企业权限明细和其他企业授予本企业权限明细。授权查询页面见图 4.6。

机动车和非道路移动机械环保信息公开系统
首页
计划书
生产一致性和在用符合性
信息公开
数据查询
随车清单/单机
轻型国六系族
重型国六系族
授权管理
CALID&CVN
非道路国四系族
系统管理
RDE混型车型处理
企业名称
搜索
编号
授权企业名称
授权模式
附录编号
1
整体授权
2
3
整体授权
4
附录授权
5
附录授权
6
附录授权
1
共6条
返回

图 4.6　授权查询页面

第 五 章

非道路移动机械环保信息公开

王宏丽

非道路移动机械企业完成注册和企业管理后，可以进行信息公开相关操作，包括商标、生产一致性保证计划书的填报、管理、附录填报、信息公开和单机上传，并根据情况填写生产一致性和在用符合性相关情况。非道路移动机械企业环保信息公开操作流程见图 5.1。

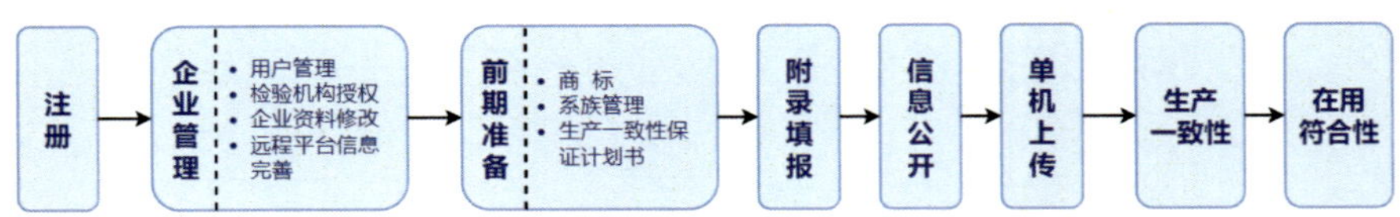

图 5.1　非道路移动机械企业环保信息公开操作流程

一、前期准备工作

在开展非道路移动机械环保信息公开前，需要先完成商标维护和生产一致性保证计划书的填报。

（一）商标

“商标”模块位于首页“计划书”目录下，用于维护本企业所属非道路移动机械商标，可以进行商标的新增、编辑和删除操作。商标管理页面见图 5.2。

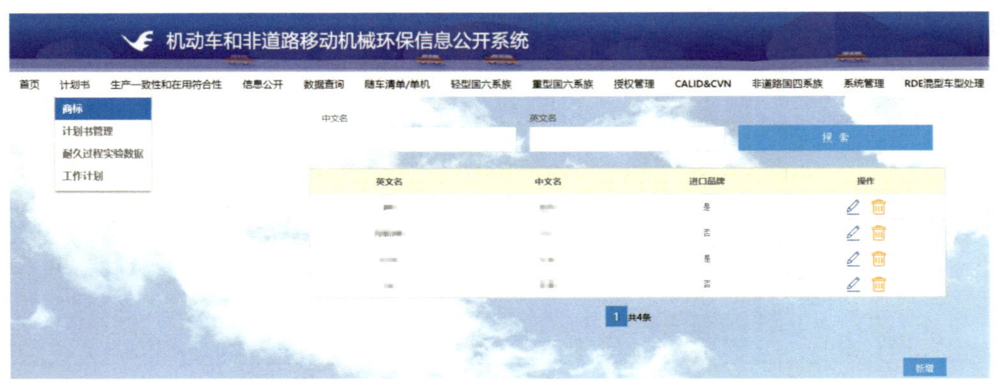

图 5.2　商标管理页面

1. 新增商标

点击商标页面的“新增”，在页面完成商标的英文名、中文名的填写以及是否进口品牌的选择，点击“提交”即可在列表中添加一条新商标信息。新增商标页面见图 5.3。

图 5.3　新增商标页面

2. 编辑商标

点击商标页面的编辑按钮“✎”，可对列表中的商标信息进行编辑修改，点击“提交”即可保存修改内容并完成信息修改。编辑商标页面见图 5.4。

图 5.4　编辑商标页面

3. 删除商标

点击商标页面的删除按钮“”，并在弹出的提示框中选择“确定”，可删除列表中的商标信息。删除商标页面见图 5.5。

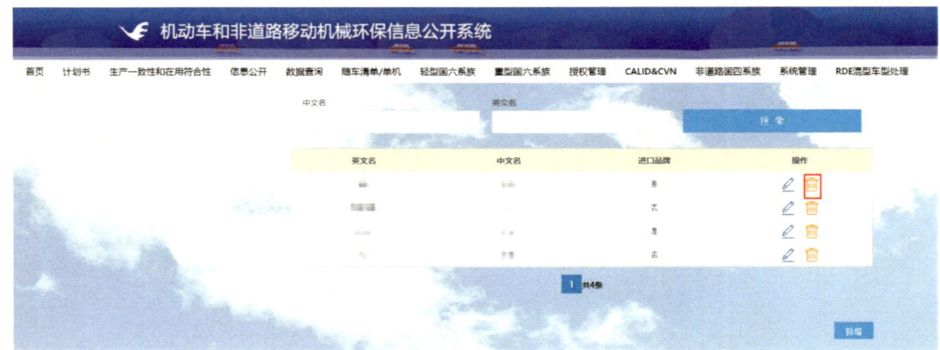

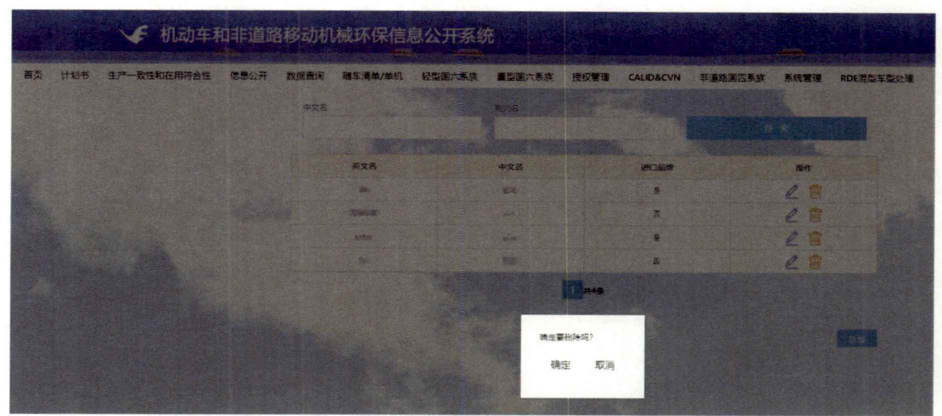

图 5.5　删除商标页面

（二）系族管理

系族管理对应首页“非道路国四系族”模块。可以填报排放系族、耐久分组、PCD 系族、NCD 系族、NCD+PCD 系族和非道路移动机械系族。机械环保信息公开填报前需填写非道路移动机械系族。

在非道路移动机械系族页面点击“新增”，完成对应内容的填报及文件上传后点击“提交”，即可在列表中新增一条信息。操作列可进行信息的编辑和删除操作。非道路移动机械系族新增操作页面见图 5.6。

图 5.6　非道路移动机械系族新增操作页面

（三）生产一致性保证计划书

生产一致性保证计划书模块位于首页“计划书”目录下，可以进行计划书的新增、编辑、提交和删除，并可创建对应附录。生产一致性保证计划书页面见图 5.7。

图 5.7　生产一致性保证计划书页面

1. 新建计划书

点击“创建计划书”，填报内部编号，选择对应的排放阶段和车辆类别，点击“下一步”系统跳转至“执行标准”页面。创建计划书操作页面见图 5.8。

图 5.8　创建计划书操作页面

进入“执行标准”页面，勾选执行的国家标准，填报系族名称和企业标准，点击“保存”后跳转至“车辆控制”页面。执行标准填报页面见图 5.9。

执行标准 车辆控制 检测设备 整车排放 纠正措施 车型描述

填写所执行的标准

内部编号：2345 排放标准：第4阶段 车辆类别：非道路移动机械

国家标准			
	GB 18176-2016	GB 14622-2016	GB 17691-2005第四阶段
	GB 3847-2005	GB 18285-2005	GB 1495-2002第二阶段
	GB 18352.3-2005第四阶段	GB 18352.5-2013	GB 18352.6-2016
	GB11340-2005	GB/T 19233-2008	GB/T 19233-2020
	HJ 437-2008	HJ 438-2008	HJ 439-2008
	GB14763-2005	GB14762-2008第四阶段	GB20890-2007
	GB 17691-2005第五阶段	HJ689-2014	GB16169-2005
	GB19755-2016	GB 20891-2014	GB 17691-2018
	GB 26133	GB 20890	GB 18285-2018
	GB 3847-2018	HJ1014-2020	GB 36886-2018烟度标准
	HJ 1137—2020	GB19756-2005	GB/T 19753-2021
	GB 19757		

企业标准 填写企业内部使用的标准编号，如有多个用逗号分隔

保存 重置 返回

图 5.9　执行标准填报页面

进入“车辆控制”页面，填报车辆质量控制相关文件，点击“保存”后系统跳转至“检测设备”页面。车辆控制填报页面见图 5.10。

进入“检测设备”页面，填报检测设备管理相关内容，点击“保存”后系统跳转至“整车排放”页面。检测设备填报页面见图 5.11。

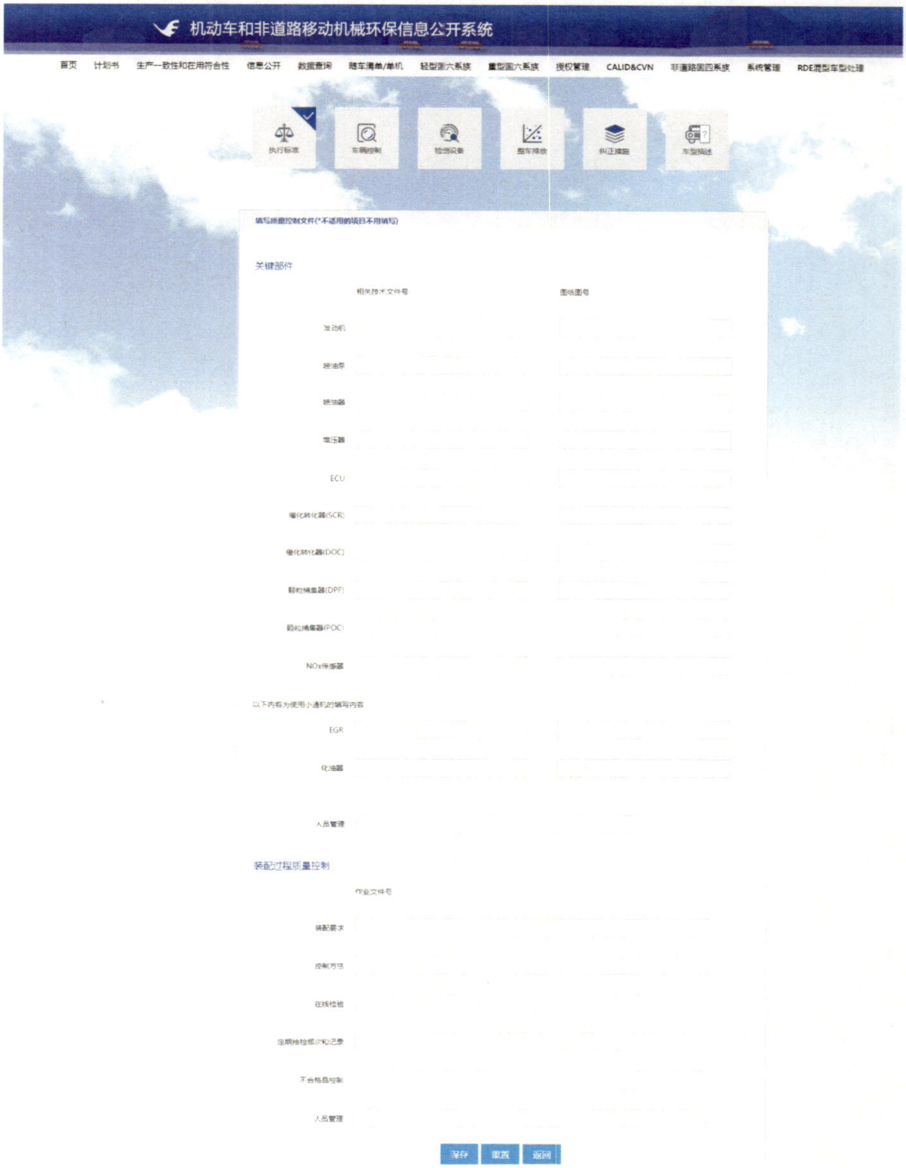

图 5.10　车辆控制填报页面

图 5.11　检测设备填报页面

进入“整车排放”页面，填报整车机排放检测文件管理相关内容，点击“保存”后系统跳转至“纠正措施”页面。整车排放填报页面见图 5.12。

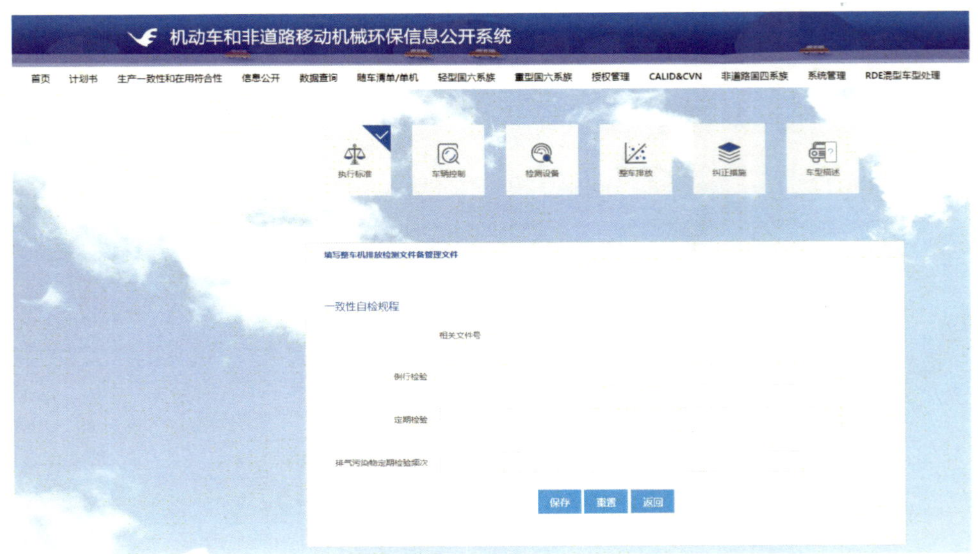

图 5.12　整车排放填报页面

进入“纠正措施”页面，填报纠正措施相应内容，并点击“保存”后系统跳转至“车型描述”页面。纠正措施填报页面见图 5.13。

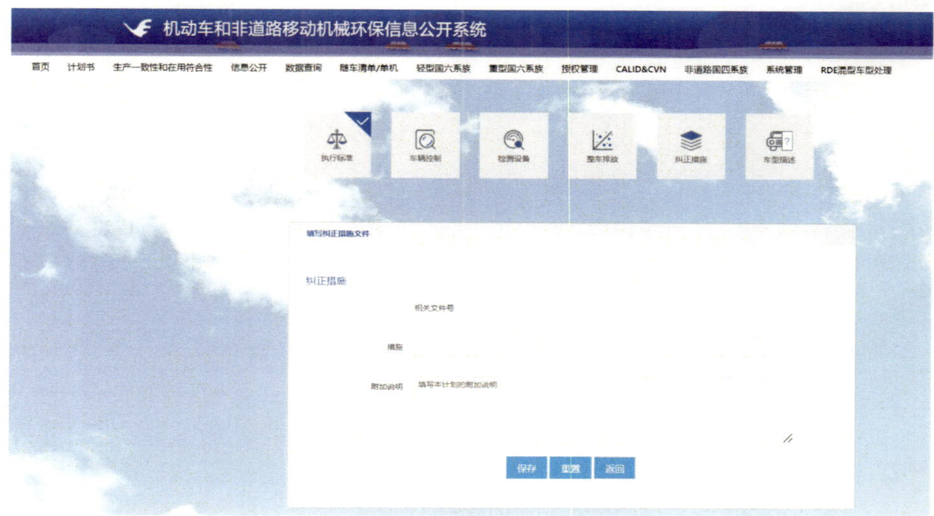

图 5.13　纠正措施填报页面

进入“车型描述”页面将进入计划书的附录列表，附录填报详见“第五章　二、附录填报”。车型描述页面见图 5.14。

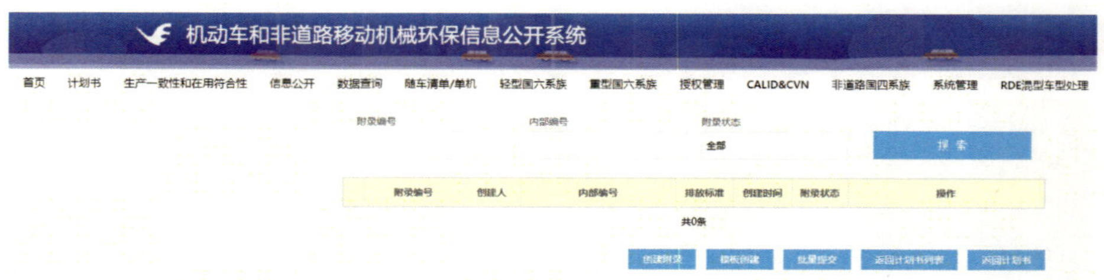

图 5.14　车型描述页面

2. 搜索计划书

计划书管理页面可根据计划书编号、内部编号或创建人搜索已创建的计划书。搜索计划书操作页面见图 5.15。

图 5.15　搜索计划书操作页面

3. 查看与修改

计划书管理页面可以看到已创建的计划书列表。操作栏中查看功能“◎”可以查看对应计划书内容并进行修改。查看与修改操作页面见图 5.16。

图 5.16　查看与修改操作页面

4. 提交与批量提交

点击计划书操作列中的提交键“”，可将填写完成的工作计划表格提交至本部门审核人员进行审核。如需一次性提交多个工作计划表，可勾选对应信息，并点击右下方的“批量提交”。提交与批量提交操作页面见图 5.17。

图 5.17　提交与批量提交操作页面

5. 审核与备案

填报账户在计划书列表中点击“提交”，该计划书将提交审核账户，该计划书状态变为“申请中”。此时审核人员登录审核账户，点击对应计划书的审核按钮“”。审核账户操作页面见图 5.18。

图 5.18　审核账户操作页面

审核人员可进行审核通过或打回操作。点击“通过”，该计划书状态将变为“已审核待备案”，有待备案账户同意备案；填写原因并点击“打回”，该计划书状态将变为“被打回”，填报人员可在填报账户中进行信息修改。审核操作页面见图 5.19。

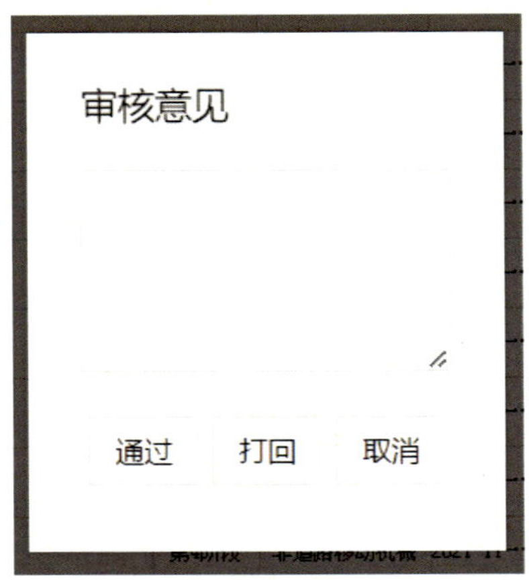

图 5.19　审核操作页面

审核人员通过后，备案人员登录备案账户，点击对应计划书的审核按钮“ ”。备案账户操作页面见图 5.20。

图 5.20　备案账户操作页面

备案人员可进行通过或打回操作。点击“通过”，该条计划书状态将变为“已备案”。填写原因并点击“打回”，则该计划书状态将变为“被打回”，填报账户可进行信息修改。备案操作页面见图 5.21。

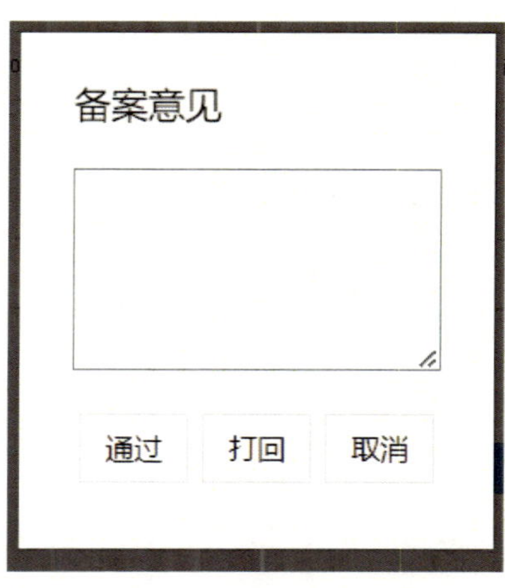

图 5.21　备案操作页面

6. 删除计划书

操作栏中删除功能可以删除已创建的计划书。当计划书内有附录时，无法直接进行删除，需将该计划书下所有附录删除后才可删除计划书。删除计划书操作页面见图 5.22。

图 5.22 删除计划书操作页面

二、附录填报

附录用于填报机械具体参数。由于非道路移动机械三阶段排放和四阶段排放部分填报内容有所不同，下面将分别介绍国三、国四的填报流程。企业可在创建计划书时点击“车型描述”进入附录列表如图 5.14，或在计划书管理列表中选择已创建的计划书，点击操作列附录图标“”，可进入附录列表。附录页面入口见图 5.23。

图 5.23　附录页面入口

（一）国三非道路移动机械附录填报

1. 创建附录

在已创建好的第三阶段非道路移动机械计划书下，点击“创建附录”，选择“自产整车”，可创建一个新的附录。点击“模板创建”，则可引用同车类同排放阶段已创建的附录，模板创建功能不支持跨车类、跨排放阶段。

根据实际情况填报机械相关信息，如不适用可不填写。国三非道路移动机械创建附录操作页面见图 5.24。

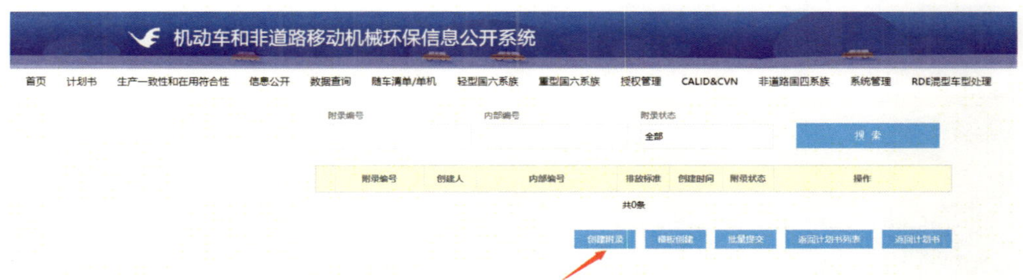

图 5.24　国三非道路移动机械创建附录操作页面

填报“概述”信息，并点击“保存”。国三非道路移动机械创建附录—概述填报页面见图 5.25。

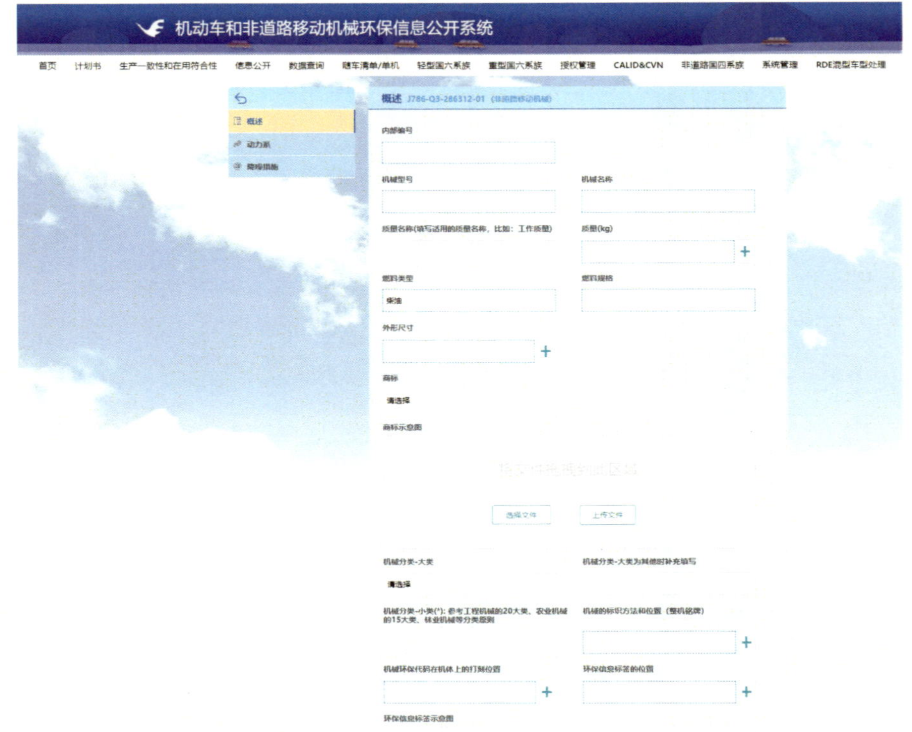

图 5.25　国三非道路移动机械创建附录—概述填报页面

点击“动力系”，在授权给本企业的发动机企业中搜索已信息公开或入库的发动机，点击选择按钮“◎”。国三非道路移动机械创建附录—动力系—发动机搜索页面见图 5.26。

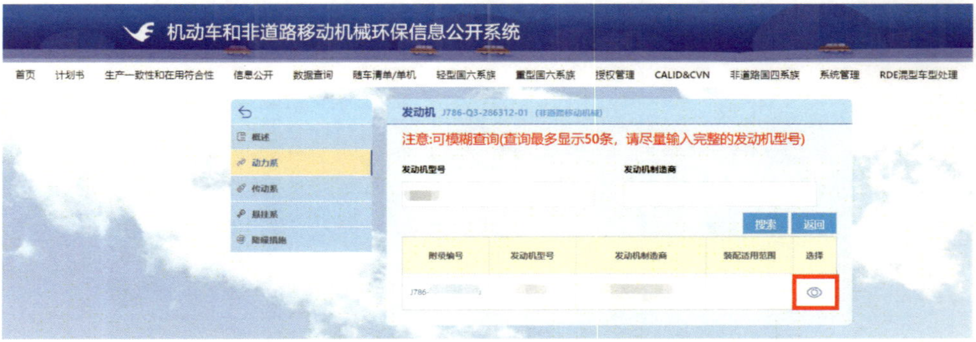

图 5.26　国三非道路移动机械创建附录—动力系—发动机搜索页面

点击“选择”后，列表中将出现该发动机的相关信息。可在操作栏中进行查看、修改和删除操作。国三非道路移动机械创建附录—动力系—发动机操作页面见图 5.27。

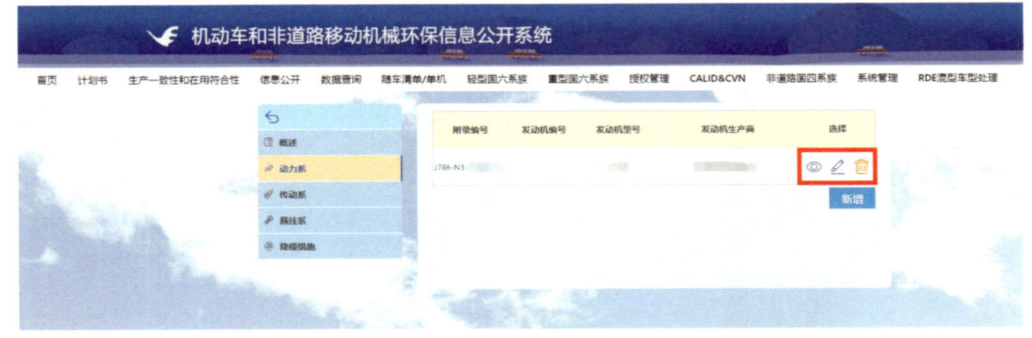

图 5.27　国三非道路移动机械创建附录—动力系—发动机操作页面

在动力系列表中点击修改或查看按钮，可进入已选择发动机信息页面，查看发动机相关信息，填报发动机概述，并点击“保存”。国三非道路移动机械创建附录—动力系—发动机—概述填报页面见图 5.28。

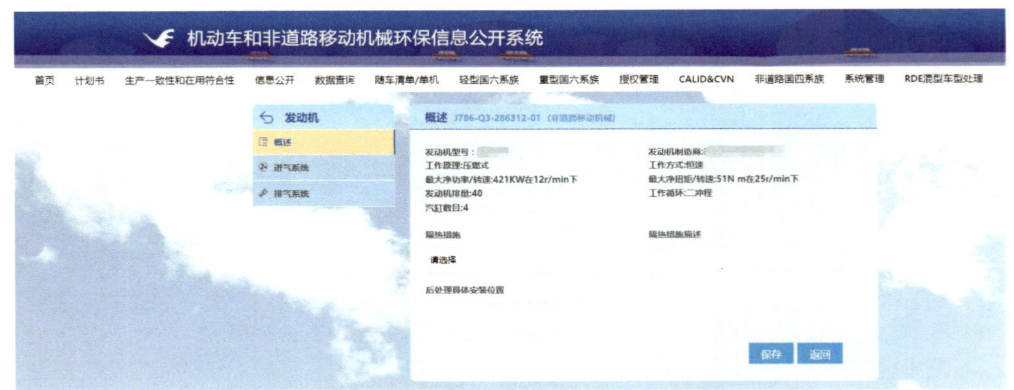

图 5.28　国三非道路移动机械创建附录—动力系—发动机—概述填报页面

在发动机列表中点击“进气系统”，完成进气系统说明、空气滤清器、中冷器、进气消声器等相应内容的填报，并点击“保存”。国三非道路移动机械创建附录—动力系—发动机—进气系统填报页面见图 5.29。

图 5.29　国三非道路移动机械创建附录—动力系—发动机—进气系统填报页面

在发动机列表中点击“排气系统”，完成排气系统说明、排气消声器型号、油箱等相应内容的填报，并点击“保存”。国三非道路移动机械创建附录—动力系—发动机—排气系统填报页面见图 5.30。

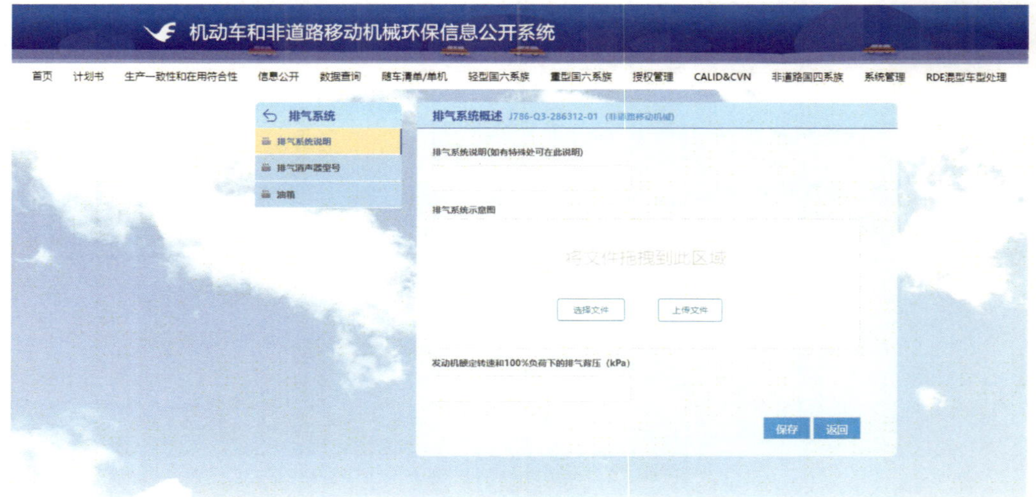

图 5.30　国三非道路移动机械创建附录—动力系—发动机—排气系统填报页面

点击“传动系”，完成相应内容的填报，并点击“保存”。国三非道路移动机械创建附录—传动系填报页面见图 5.31。

图 5.31　国三非道路移动机械创建附录—传动系填报页面

点击“悬挂系”，完成相应内容的填报，并点击“保存”。国三非道路移动机械创建附录—悬挂系填报页面见图 5.32。

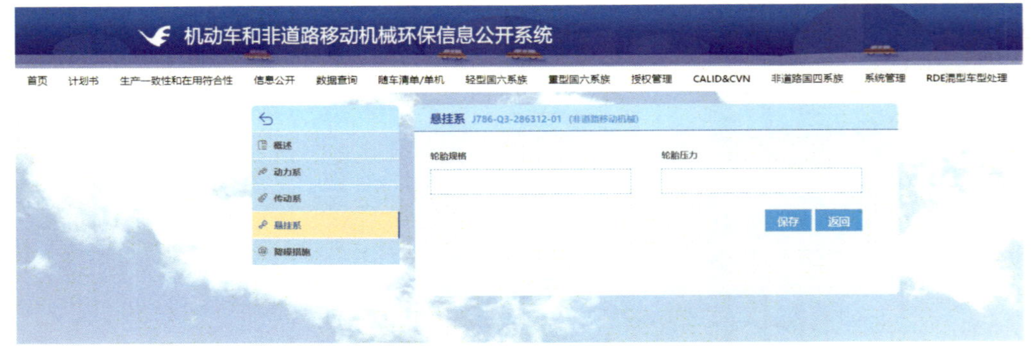

图 5.32　国三非道路移动机械创建附录—悬挂系填报页面

点击“降噪措施”，完成相应内容的填报，并点击“保存”。国三非道路移动机械创建附录—降噪措施填报页面见图 5.33。

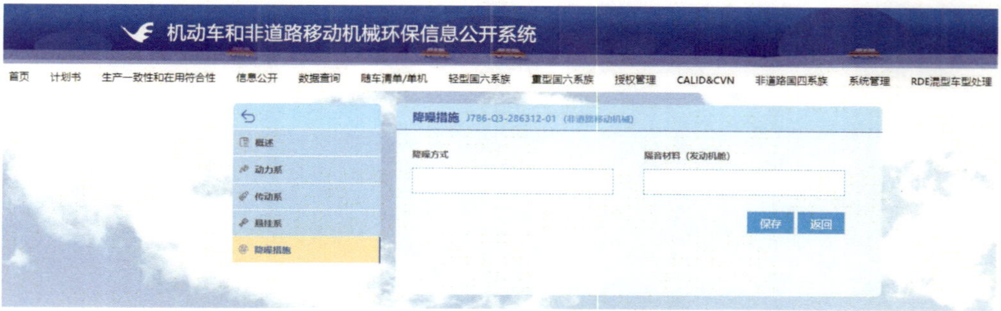

图 5.33　国三非道路移动机械创建附录—降噪措施填报页面

2. 查看与修改

完成附录创建后，在该计划书的附录列表会生成一条附录，点击操作栏查看按钮“◎”可以查看填报的附录。如该附录状态为“未备案”或“被打回”，则可对附录内容进行修改。国三非道路移动机械附录查看与修改操作页面见图 5.34。

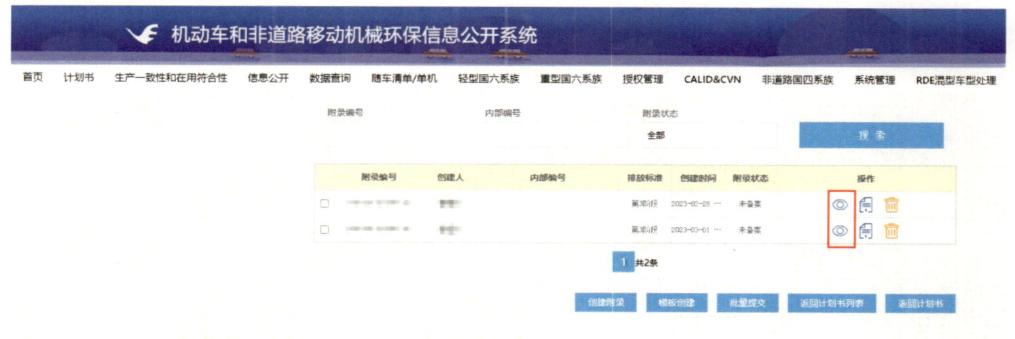

图 5.34　国三非道路移动机械附录查看与修改操作页面

3. 附录备案

填报账户在附录列表中点击提交按钮“▤”，该附录将提交审核账户，该条附录状态显示为“申请中”。国三非道路移动机械附录提交操作页面见图 5.35。

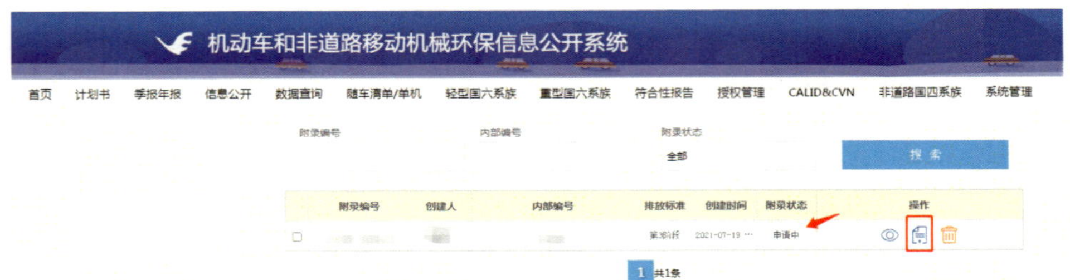

图 5.35　国三非道路移动机械附录提交操作页面

此时审核人员登录审核账户，点击对应计划书的附录按钮，进入该计划书附录列表。审核账户操作页面见图 5.36。

图 5.36　审核账户操作页面

审核人员点击审核按钮“”可对附录状态为“申请中”的附录进行审核通过或打回操作。点击“通过”，该条附录状态将变为“已审核待备案”，由备案账户进行备案；填写打回原因并点击“打回”，该条附录信息状态将变为“被打回”，填报账户可进行信息修改。审核操作页面见图 5.37。

图 5.37　审核操作页面

备案人员登录备案账户，点击对应计划书的附录按钮“”，即可进入该计划书附录列表。备案账户操作页面见图 5.38。

图 5.38　备案账户操作页面

备案人员点击备案按钮“”可对附录状态为“已审核待备案”的附录进行备案的通过或打回操作。点击“通过”，该条附录状态将变为“已备案”；填写打回原因并点击“打回”，则该条附录信息状态将变为“被打回”，填报账户可进行信息修改。备案操作页面见图 5.39。

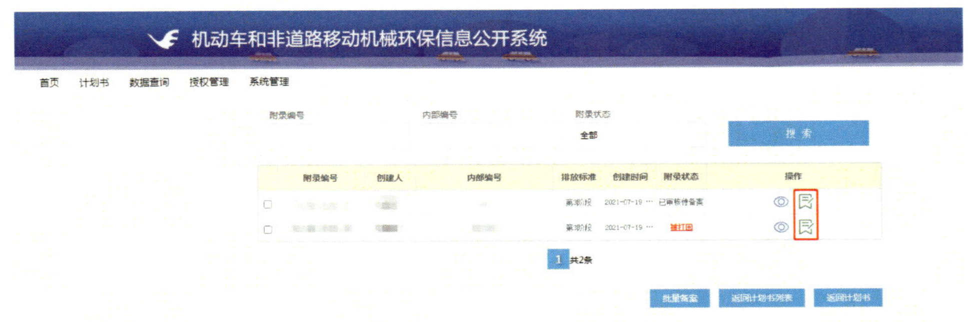

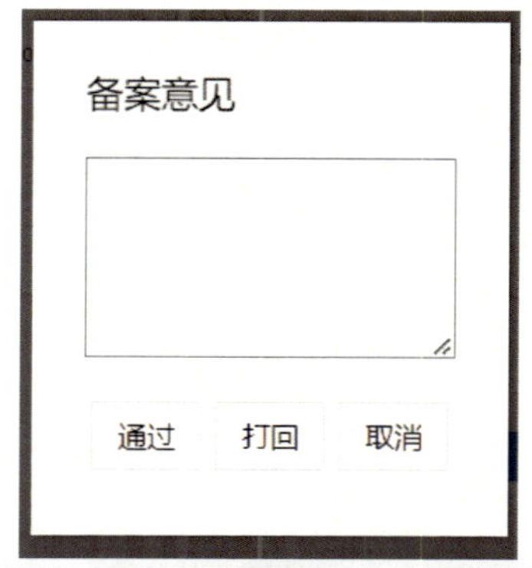

图 5.39　备案操作页面

4. 删除附录

如附录状态为未备案或被打回时，操作列中点击删除按钮“🗑”将删除该条附录。国三非道路移动机械删除附录操作页面见图 5.40。

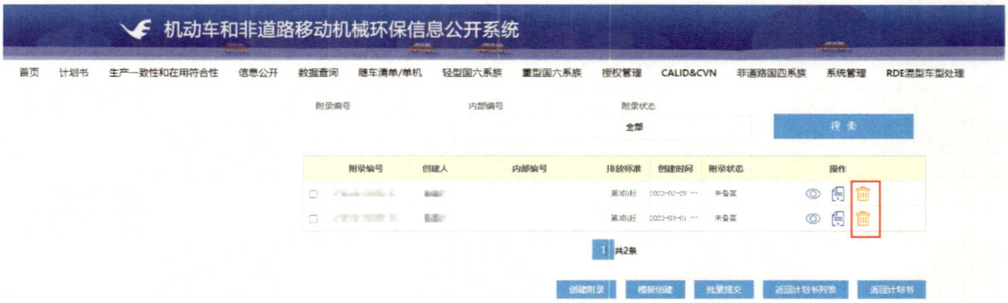

图 5.40　国三非道路移动机械删除附录操作页面

（二）国四非道路移动机械附录填报

1. 创建附录

在已创建好的第四阶段非道路移动机械计划书下，点击“创建附录”，选择“自产整车”，可创建一个新的附录。点击“模板创建”，则可引用同车类同排放阶段已创建的附录，模板创建功能不支持跨车类、跨排放阶段。

根据实际情况填写机械相关信息，如不适用可不填写。国四非道路移动机械创建附录操作页面见图 5.41。

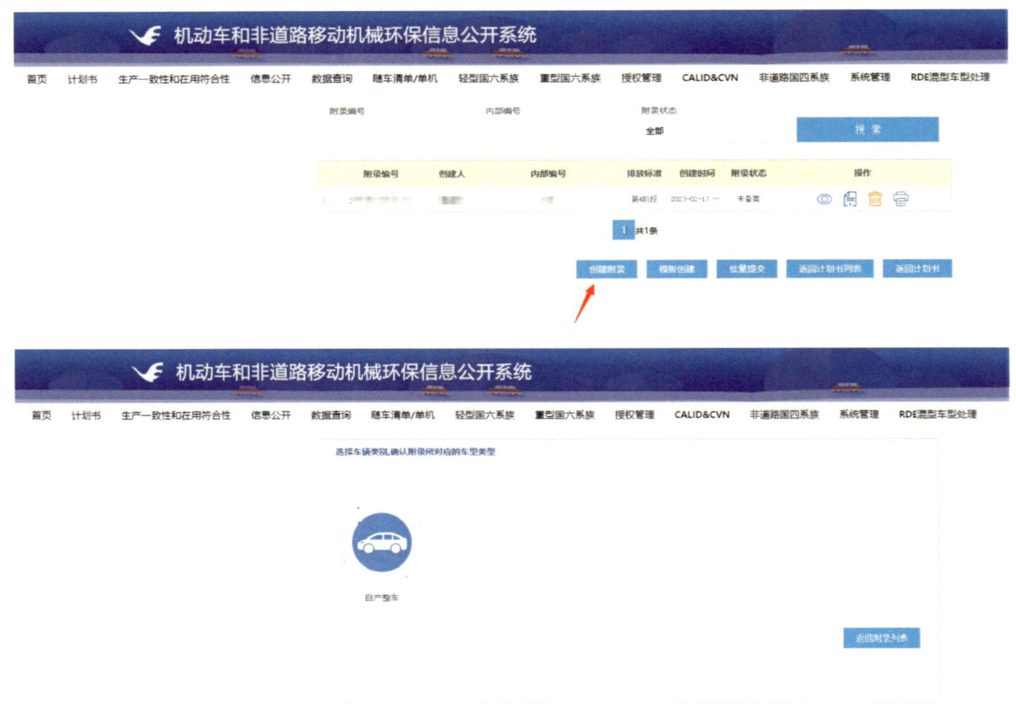

图 5.41　国四非道路移动机械创建附录操作页面

填报“概述”信息，并点击“保存”。国四非道路移动机械创建附录—概述填报页面见图 5.42。

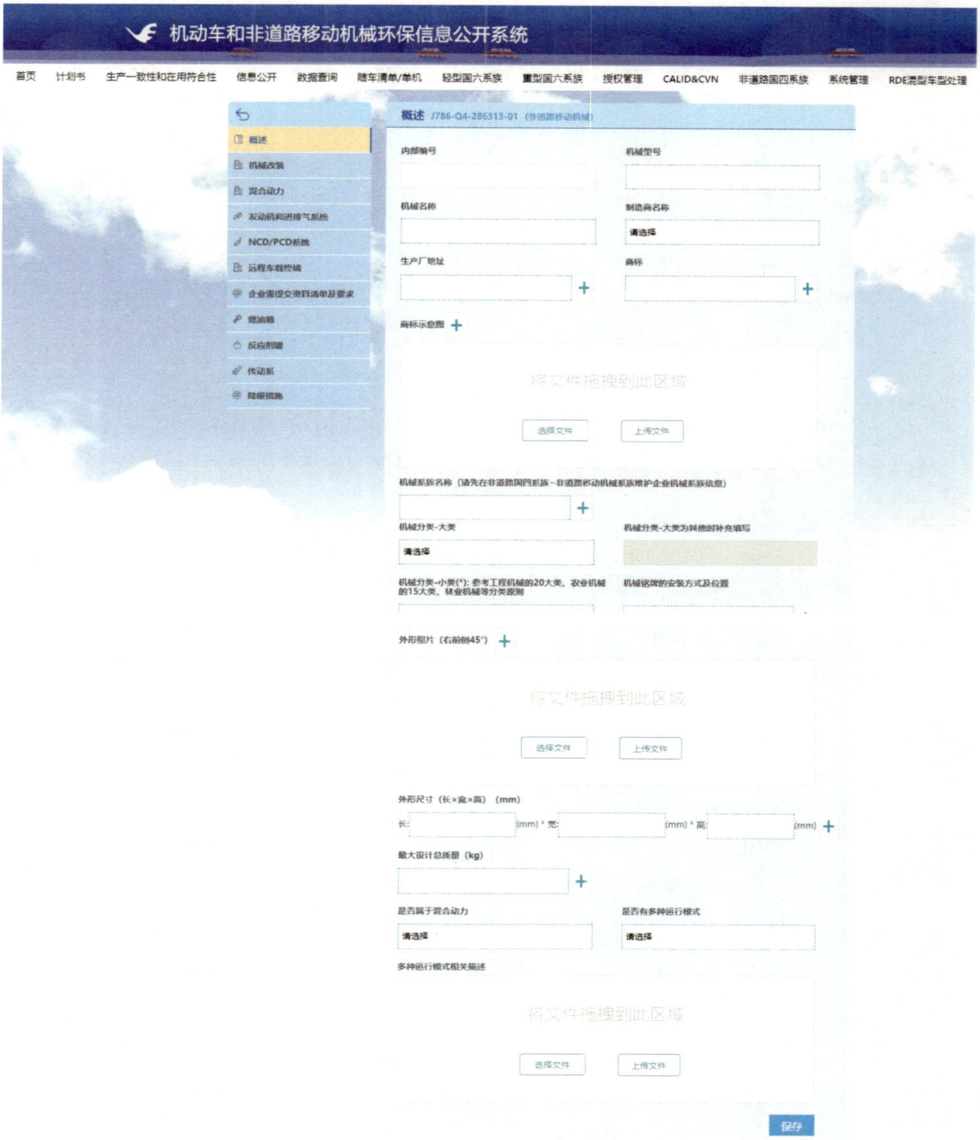

图 5.42　国四非道路移动机械创建附录—概述填报页面

点击“机械改装”，完成相应内容的填报，并点击“保存”。国四非道路移动机械创建附录—机械改装填报页面见图 5.43。

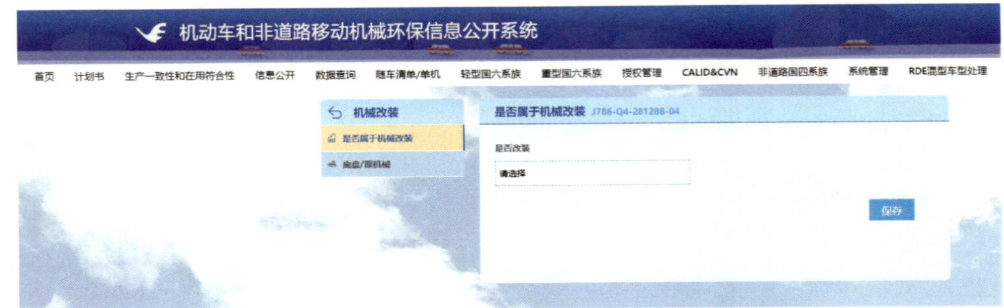

图 5.43　国四非道路移动机械创建附录—机械改装填报页面

点击“混合动力”，完成概述、机械整机控制器、电动机、电机控制器、储能装置等相应内容的填报，并点击“保存”。国四非道路移动机械创建附录—混合动力填报页面见图 5.44。

图 5.44　国四非道路移动机械创建附录—混合动力填报页面

点击“发动机和进排气系统”，在授权给本企业的发动机企业中搜索已信息公开或入库的发动机，并点击选择按钮“◎”。国四非道路移动机械创建附录—发动机和进气系统搜索页面见图 5.45。

图 5.45 国四非道路移动机械创建附录—发动机和进气系统搜索页面

点击“选择”后，该发动机将出现在“发动机和进气系统”页面列表中，点击选择栏的查看或修改按钮，进入发动机列表，可进行已选择发动机相关内容的查看和修改。国四非道路移动机械创建附录—发动机和进气系统操作页面见图 5.46。

图 5.46 国四非道路移动机械创建附录—发动机和进气系统操作页面

进入发动机列表，点击“发动机系统”可查询发动机具体信息，不可修改。国四非道路移动机械创建附录—发动机和进气系统—发动机系统页面见图 5.47。

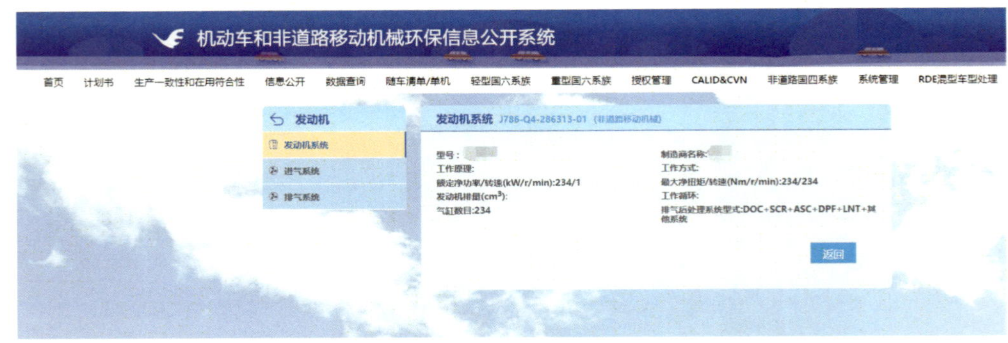

图 5.47　国四非道路移动机械创建附录—发动机和进气系统—发动机系统页面

在发动机列表点击“进气系统”，完成进气系统概述、空气滤清器、进气消声器、中冷器等相应内容的填报，并点击“保存”。国四非道路移动机械创建附录—发动机和进气系统—进气系统填报页面见图 5.48。

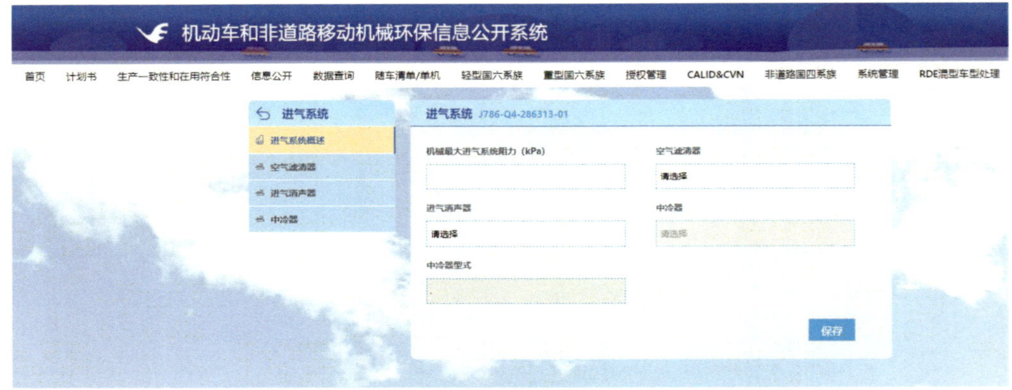

图 5.48　国四非道路移动机械创建附录—发动机和进气系统—进气系统填报页面

在发动机列表点击“排气系统”，完成排气系统概述、排气消声器、排气管、后处理安装等相应内容的填报，并点击“保存”。国四非道路移动机械创建附录—发动机和进气系统—排气系统填报页面见图 5.49。

图 5.49　国四非道路移动机械创建附录—发动机和进气系统—排气系统填报页面

点击“NCD/PCD 系统”，完成相应内容的填报，并点击“保存”。国四非道路移动机械创建附录—动力系—发动机—NCD/PCD 系统填报页面见图 5.50。

图 5.50　国四非道路移动机械创建附录—NCD/PCD 系统填报页面

点击“远程车载终端”，完成相应内容的填报，并点击“保存”。国四非道路移动机械创建附录—远程车载终端填报页面见图 5.51。

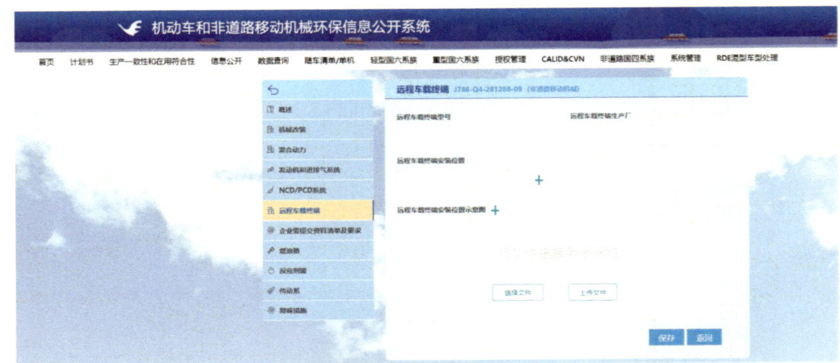

图 5.51　国四非道路移动机械创建附录—远程车载终端填报页面

点击“企业需提交资料清单及要求”，完成相应内容的填报，并点击“保存”。国四非道路移动机械创建附录—企业需提交资料清单及要求填报页面见图 5.52。

图 5.52　国四非道路移动机械创建附录—企业需提交资料清单及要求填报页面

点击“燃油箱”，完成相应内容的填报，并点击“保存”。国四非道路移动机械创建附录—燃油箱填报页面见图 5.53。

图 5.53　国四非道路移动机械创建附录—燃油箱填报页面

点击“反应剂罐”，完成相应内容的填报，并点击“保存”。国四非道路移动机械创建附录—反应剂罐填报页面见图 5.54。

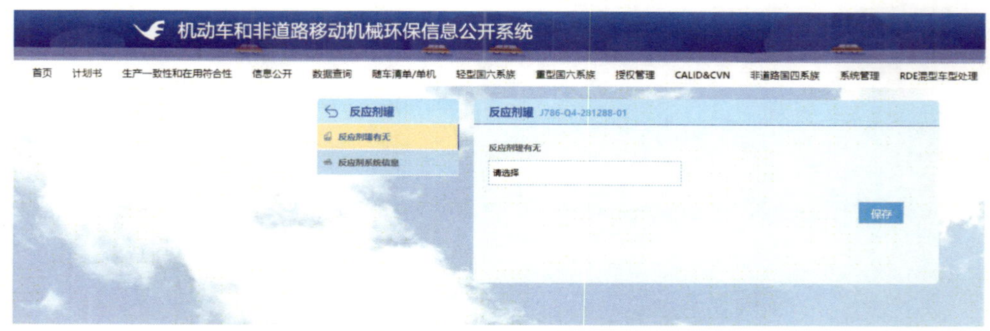

图 5.54　国四非道路移动机械创建附录—反应剂罐填报页面

点击“传动系”，完成传动系相应内容的填报，并点击“保存”。国四非道路移动机械创建附录—动力系—发动机—传动系填报页面见图 5.55。

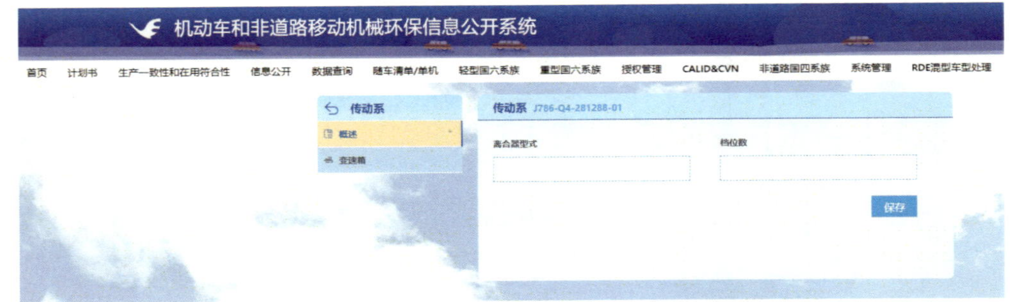

图 5.55　国四非道路移动机械创建附录—动力系—发动机—传动系填报页面

点击“降噪措施”，完成降噪措施相应内容的填报，并点击“保存”。国四非道路移动机械创建附录—动力系—发动机—降噪措施填报页面见图 5.56。

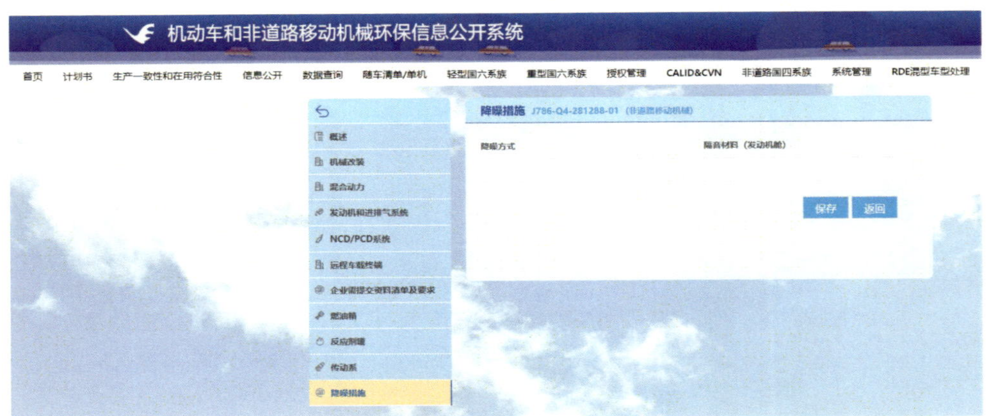

图 5.56　国四非道路移动机械创建附录—动力系—发动机—降噪措施填报页面

2. 查看与修改

完成附录创建后，在该计划书的附录列表会生成一条附录，点击操作栏查看按钮“◎”可以查看填报的附录。如该附录状态为“未备案”或“被打回”，则可对附录内容进行修改。国四非道路移动机械附录查看与修改操作页面见图 5.57。

图 5.57　国四非道路移动机械附录查看与修改操作页面

3. 附录备案

填报账户在附录列表中点击提交按钮“”，该附录将提交审核账户，该条附录状态显示为“申请中”。国四非道路移动机械附录提交操作页面见图 5.58。

图 5.58　国四非道路移动机械附录提交操作页面

此时审核人员登录审核账户，点击对应计划书的附录按钮“”，进入该计划书附录列表。审核账户操作页面见图 5.59。

图 5.59　审核账户操作页面

审核人员点击审核按钮“”可对附录状态为“申请中”的附录进行审核通过或打回操作。点击“通过”，该条附录状态将变为“已审核待备案”，由备案账户进行备案；填写打回原因并点击“打回”，该条附录信息状态将变为“被打回”，填报账户可进行信息修改。审核操作页面见图 5.60。

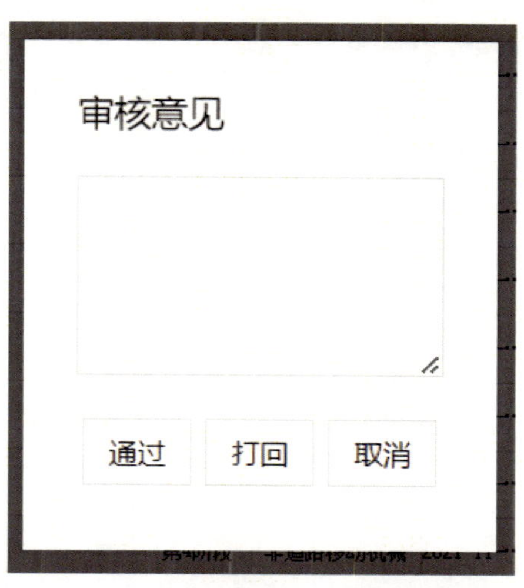

图 5.60　审核操作页面

备案人员登录备案账户，点击对应计划书的附录按钮“”，进入该计划书附录列表。备案账户操作页面见图 5.61。

图 5.61　备案账户操作页面

备案人员点击备案按钮“”可对附录状态为“已审核待备案”的附录进行备案的通过或打回操作。点击“通过”，该条附录状态将变为“已备案”；填写打回原因并点击“打回”，则该条附录信息状态将变为“被打回”，填报账户可进行信息修改。备案操作页面见图 5.62。

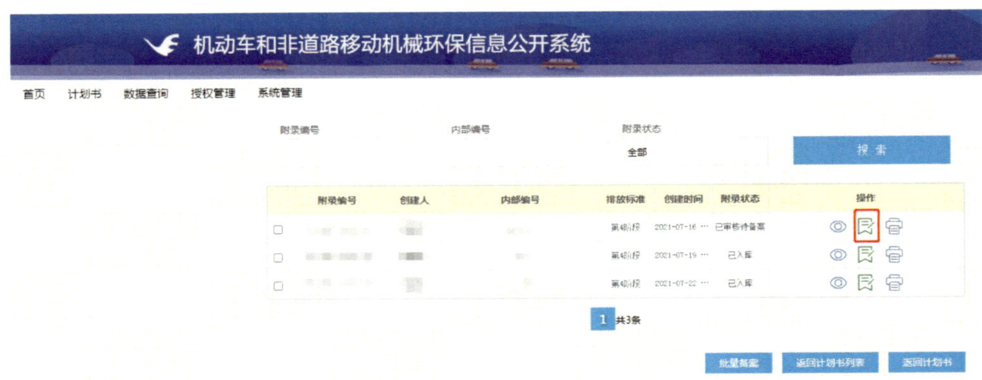

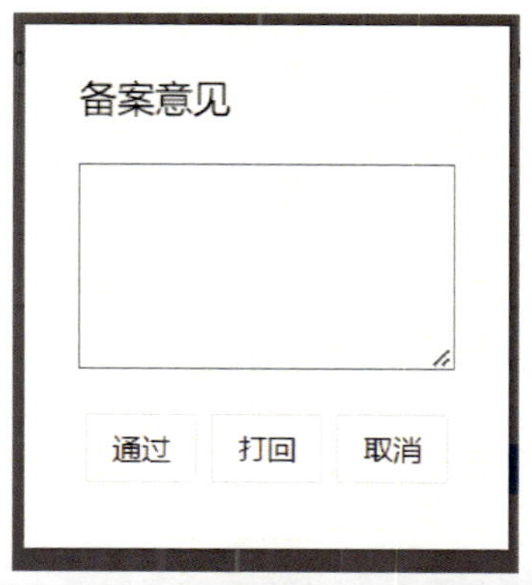

图 5.62　备案操作页面

4. 删除附录

如附录状态为未备案或被打回时，在操作列中点击删除按钮将删除该条附录。国四非道路移动机械删除附录操作页面见图 5.63。

图 5.63　国四非道路移动机械删除附录操作页面

三、信息公开

完成非道路机械附录备案后，企业可以对非道路移动机械进行信息公开。

（一）创建信息公开表

在信息公开模块下通过车辆型号或发动机型号进行搜索。在搜索出的列表中选中选项，点击“创建信息公开表”。信息公开表创建页面见图 5.64。

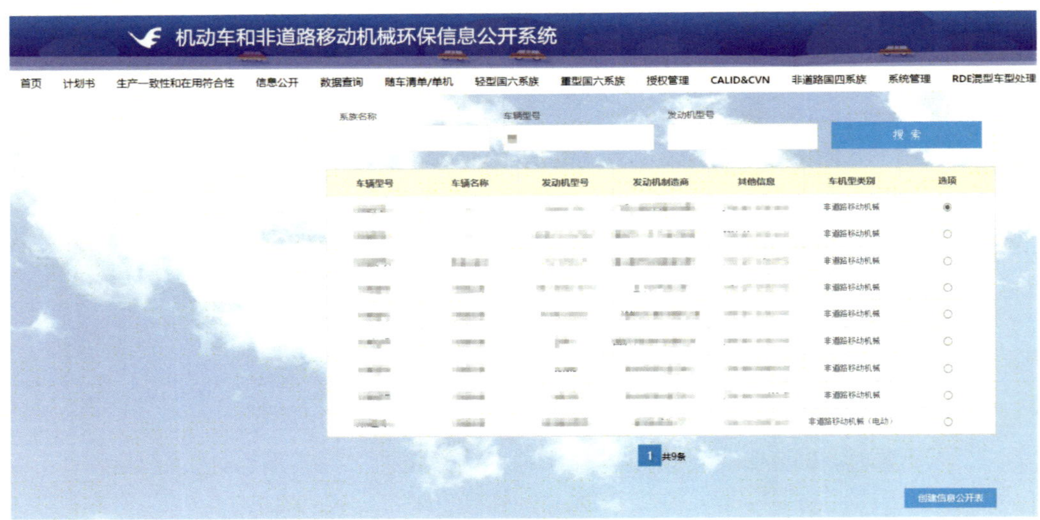

图 5.64 信息公开表创建页面

选择排放阶段，是否进口等选项，并点击“下一步”。开始创建信息公开表操作页面见图 5.65。

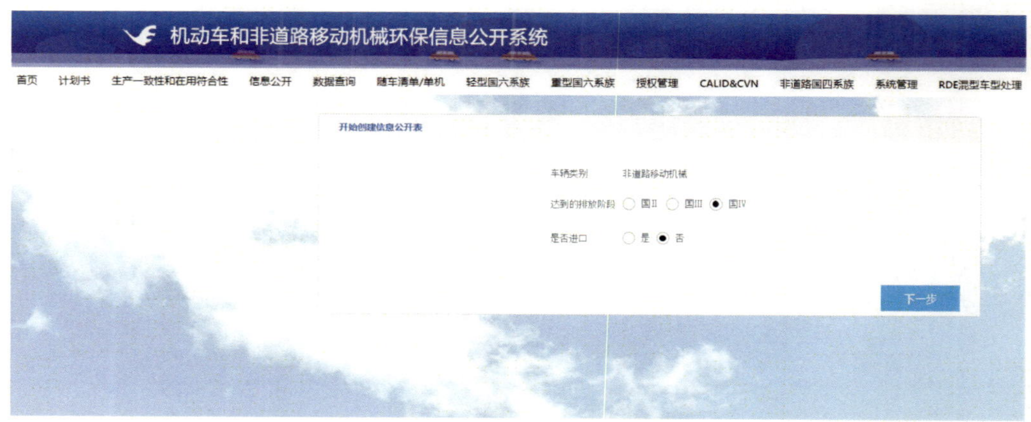

图 5.65　开始创建信息公开表操作页面

选择相应的发动机配置，并点击“下一步”。开始创建信息公开表—发动机类别操作页面见图 5.66。

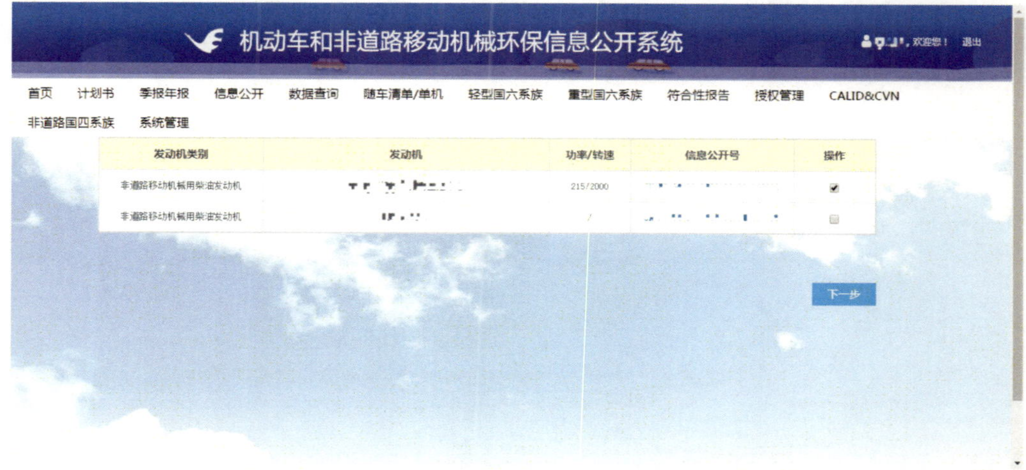

图 5.66　开始创建信息公开表—发动机类别操作页面

选择企业信息公开网址，并点击“下一步”。企业信息公开网址选择页面见图 5.67。

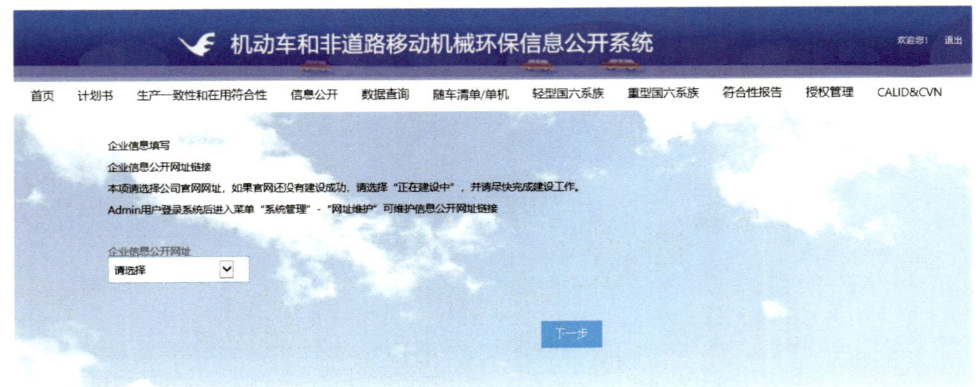

图 5.67　企业信息公开网址选择页面

系统将提示成功创建信息公开表。成功创建信息公开表页面见图 5.68。

图 5.68　成功创建信息公开表页面

特别说明：如公开时有两个发动机配置，则需在最后一步写明两个发动机的用途。特别说明见图 5.69。

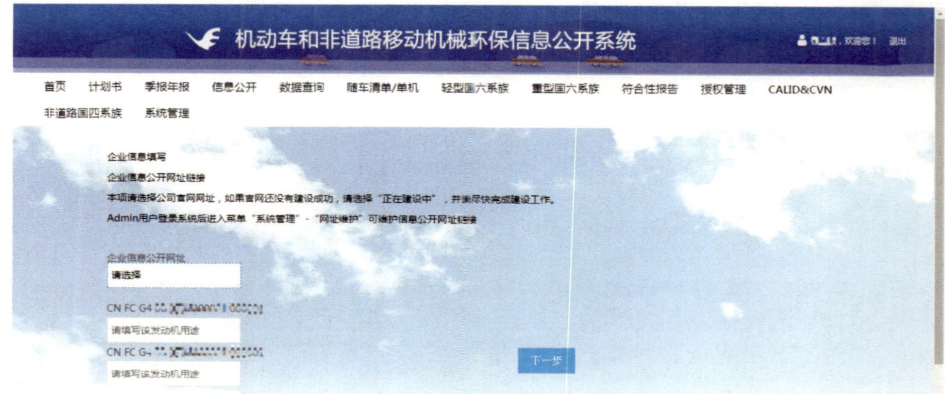

图 5.69　特别说明

（二）提交信息公开表

已创建的信息公开表可以在"数据查询"模块下的信息公开表中，通过申报编号、状态、车辆型号、发动机型号或创建人进行搜索。在搜索结果列表中选中待提交的信息公开表，点击"提交信息公开表"。信息公开表提交页面见图 5.70。

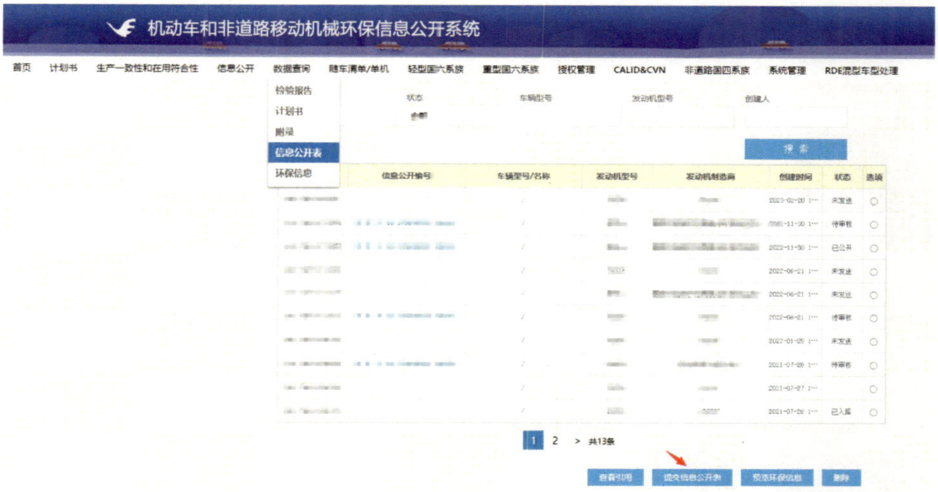

机动车和非道路移动机械环保信息公开系统
首页 计划书 生产一致性和在用符合性 信息公开 数据查询 随车清单/单机 轻型国六系族 重型国六系族 授权管理 CALID&CVN 非道路国四系族 系统管理 RDE混型车型处理
检验报告 计划书 附录 信息公开表 环保信息
状态 车辆型号 发动机型号 创建人
搜 索
信息公开编号 车辆型号/名称 发动机型号 发动机制造商 创建时间 状态 选择
1 2 > 共13条
查看引用 提交信息公开表 预览环保信息 删除

图 5.70　信息公开表提交页面

若提交的信息公开表通过系统校验，则该条信息公开表将自动生成信息公开编号，状态由未发送变为待审核，由审核账户进行审核。若提交的信息公开表未通过系统校验，则不会生成信息公开编号，该条信息公开表状态将变为被打回。一经打回，该条信息公开表将无法再次提交。系统校验操作页面见图 5.71。

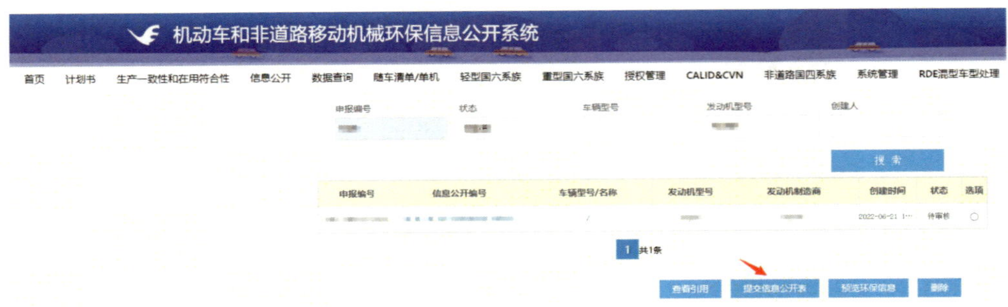

图 5.71　系统校验操作页面

（三）审核信息公开表

审核账户人员登录系统后，点击“数据查询”模块下的“信息公开表”，可通过申报编号、状态、车辆型号、发动机型号或创建人进行搜索。在搜索结果列表中选中待审核的信息公开表，点击“预览环保信息”。审核账户审核信息公开表入口见图 5.72。

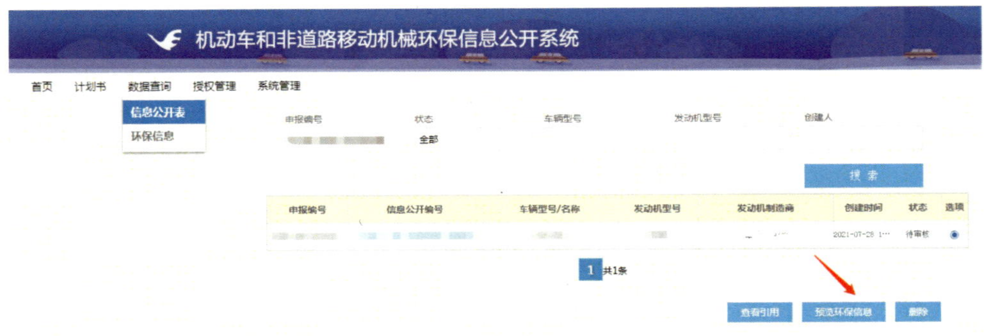

图 5.72　审核账户审核信息公开表入口

在预览环保信息页面，完成所有信息的核对后，在页面底部可以选择“审核通过”或“退回申请”。点击“审核通过”，填写原因并提交后，该信息公开表将提交至备案账户进行公开，状态变为“已审核待公开”；若点击“退回申请”，填写原因并提交后，该条信息公开表状态将变为“被打回”。一经打回，该条信息公开表将无法再次提交。审核账户审核信息公开表操作页面见图 5.73。

非道路移动机械(柴油) 环保信息

信息公开编号：

声明：本企业依据《中华人民共和国大气污染防治法》和生态环境部相关规定公开非道路移动机械环保信息，本企业对公开的所有内容的真实性、准确性、及时性和完整性负责。本公司承诺：我公司型号为　非道路移动机械符合《非道路移动机械用柴油机排气污染物排放限值及测量方法(中国第三、四阶段)》(GB 20891-2014)第四阶段的要求，同时符合标准规定的环境保护耐久性要求。

第一部分 车辆信息

1、机械型号	
2、机械名称	
3、商标	
4、机械系族名称	
5、机械分类	
6、排放阶段	
7、机械识别方法和位置	
8、环保信息标签位置	
9、机械环保代码标示位置	
10、NCD/PCD/NCD+PCD诊断接口位置	
11、机械制造商名称	
12、生产厂地址	

第二部分 发动机信息

13、发动机型号		14、制造商名称	
15、系族名称		16、铭牌位置	

催化转化器(DOC)	
催化转化器(SCR)	
催化转化器(ASC)	
催化转化器(LNT)	
催化转化器(其他)	
颗粒捕集器(DPF)	
颗粒物控制装置(其他)	

注：排气后处理系统标识应标明排气后处理系统型号及其生产厂、封装生产厂、载体生产厂和涂层生产厂。

企业名称：

信息公开时间：

审核通过　退回申请　打印本页　关闭

图 5.73

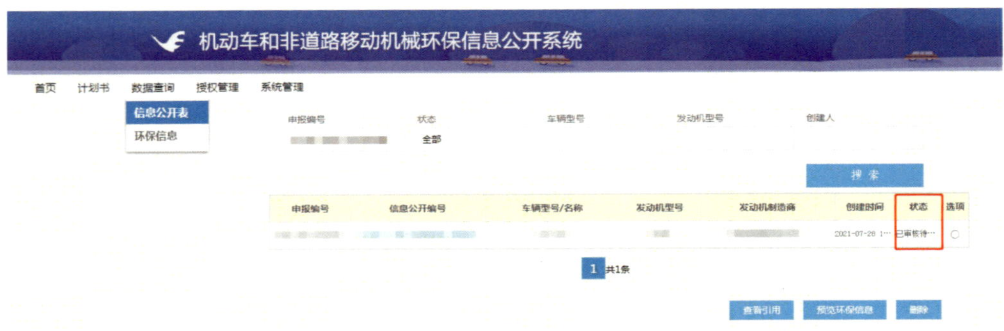

图 5.73　审核账户审核信息公开表操作页面

（四）公开信息公开表

备案账户人员登录系统后，点击“数据查询”模块下的“信息公开表”，可通过申报编号、状态、车辆型号、发动机型号或创建人进行搜索。在搜索结果列表中选中“已审核待公开”的信息公开表，点击“预览环保信息”。备案账户操作页面见图 5.74。

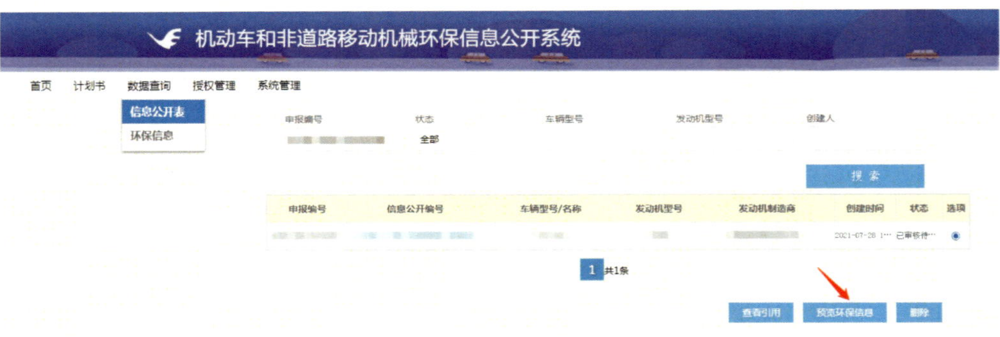

图 5.74　备案账户操作页面

在“预览环保信息”页面，完成所有信息的核对后，在页面底部可以选择“确认公开”和“退回申请”。备案账户人员确认信息公开操作页面见图 5.75。

非道路移动机械(柴油) 环保信息

信息公开编号：

声明：本企业依据《中华人民共和国大气污染防治法》和生态环境部相关规定公开非道路移动机械环保信息，本企业对公开的所有内容的真实性、准确性、及时性和完整性负责。本公司承诺：我公司型号 非道路移动机械符合《非道路移动机械用柴油机排气污染物排放限值及测量方法（中国第三、四阶段）》（GB 20891-2014）第四阶段的要求，同时符合标准规定的环境保护耐久性要求。

第一部分 车辆信息

1、机械型号：	
2、机械名称：	
3、商标：	
4、机械系族名称：	
5、机械分类：	
6、排放阶段：	
7、机械识别方法和位置：	
8、环保信息标签位置：	
9、机械环保代码标示位置：	
10、NCD/PCD/NCD+PCD诊断接口位置	
11、机械制造商名称：	
12、生产厂地址：	

第二部分 发动机信息

13、发动机型号：		14、制造商名称	
15、系族名称：		16、铭牌位置：	

催化转化器（DOC）	
催化转化器（SCR）	
催化转化器（ASC）	
催化转化器（LNT）	
催化转化器（其他）	
颗粒捕集器（DPF）	
颗粒物控制装置（其他）	

注：排气后处理系统标识应标明排气后处理系统型号及其生产厂、封装生产厂、载体生产厂和涂层生产厂。

企业名称：

信息公开时间：

退回申请　确认公开　打印本页　关闭

图 5.75　备案账户人员确认信息公开操作页面

点击“确认公开”，在弹出框中点击“确定”，则完成该非道路移动机械的信息公开；点击“退回申请”，填写原因并提交后，该条信息公开表状态将变为“被打回”。一经打回，该条信息公开表将无法再次提交。确认意见操作页面见图 5.76。

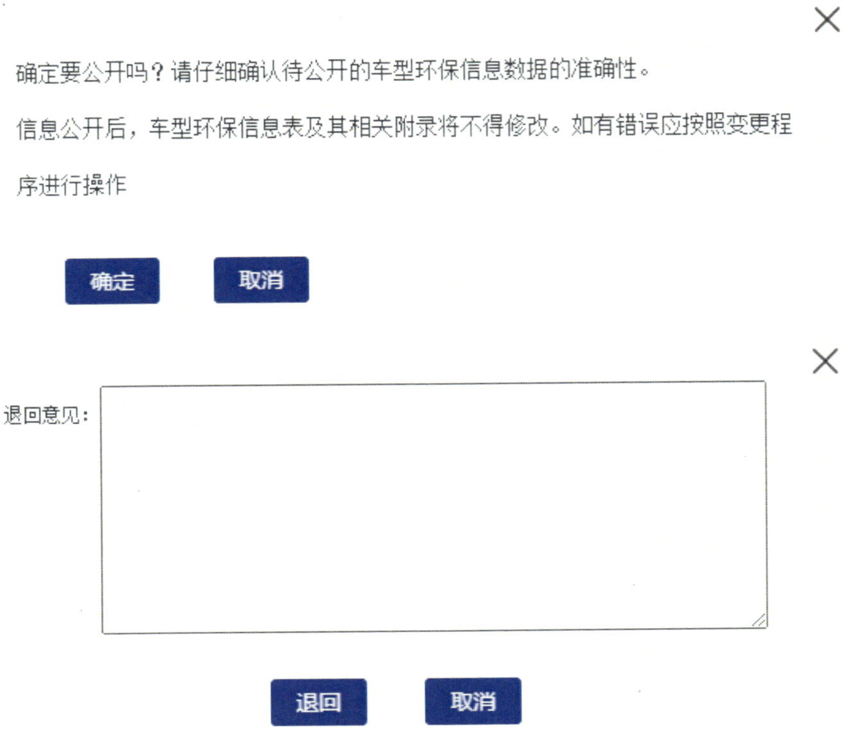

×

确定要公开吗？请仔细确认待公开的车型环保信息数据的准确性。

信息公开后，车型环保信息表及其相关附录将不得修改。如有错误应按照变更程序进行操作

确定　取消

×

退回意见：

退回　取消

图 5.76　确认意见操作页面

第 六 章

上传单机信息数据

马凌云

非道路移动机械在完成信息公开后，需要报送机械单机信息。报送内容包括机械环保代码、信息公开编号、商标、生产厂地址、发动机编号、生产日期、出厂日期、出厂试验、出厂试验结论、官方网站、发动机厂牌、发动机生产厂地址等。报送机械单机信息入口见图 6.1。

图 6.1　报送机械单机信息入口

一、单机信息报送

报送主要有两种方式：接口报送和文件上传（图 6.2）。

（一）接口报送

在“随车清单 / 单机”—“报送 VIN/ 单机信息”页面中下载说明，并按照说明进行报送。

（二）文件上传

点击“随车清单 / 单机”—“报送 VIN/ 单机信息”。

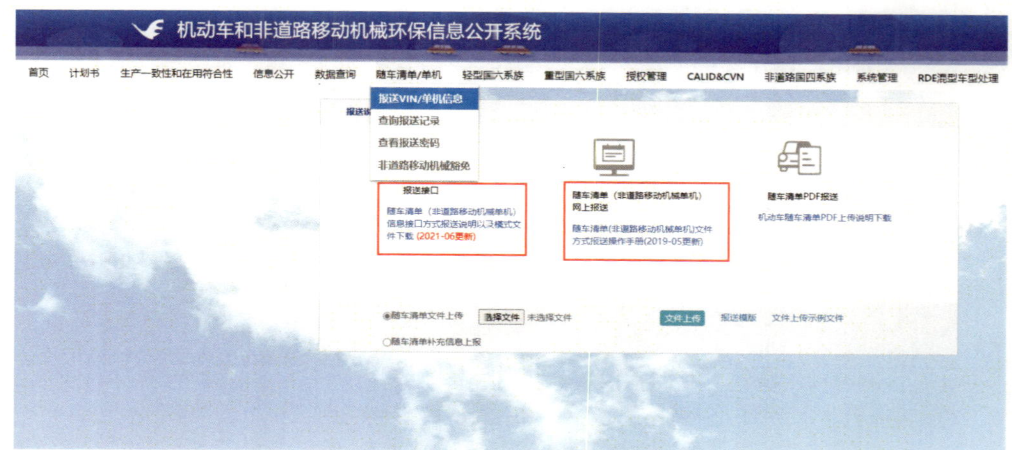

图 6.2　接口报送说明下载和文件上传页面

点击“报送模板”“文件上传示例文件”，下载单机信息报送模板，参照文件上传示例文件和单机信息报送操作手册填写单机信息。文件上传示例文件操作页面见图 6.3。

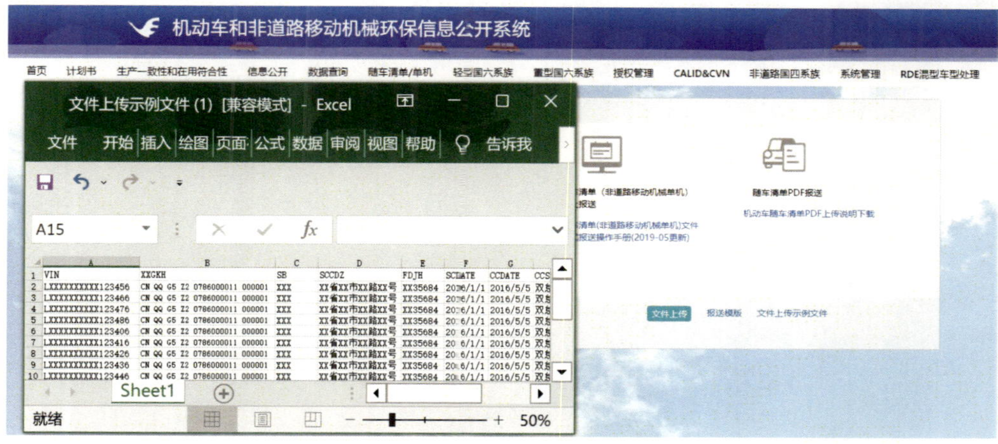

图 6.3　文件上传示例文件操作页面

点击“选择文件”，选择已经填报好的单机信息文件（图 6.4）。

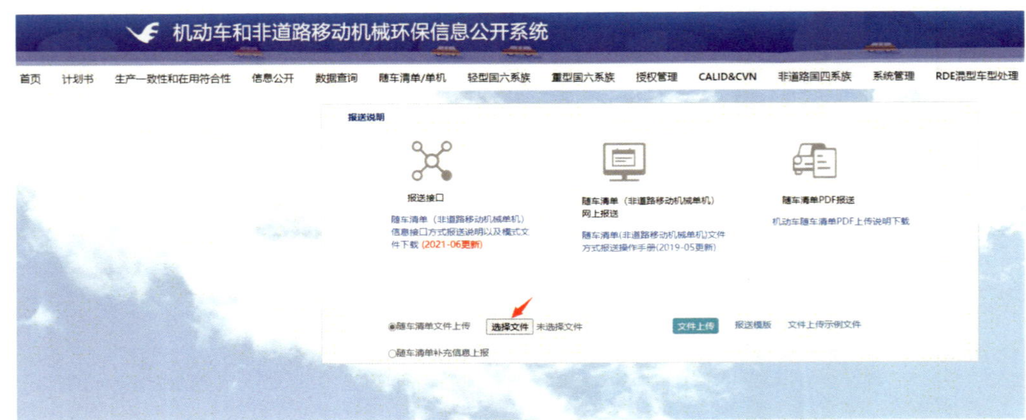

图 6.4　选择文件页面

点击“文件上传”，上传单机信息文件。若上传文件格式不符合要求，则将弹出相应错误提示。若文件格式无误，则将显示单机信息列表。上传单机信息文件页面见图 6.5。

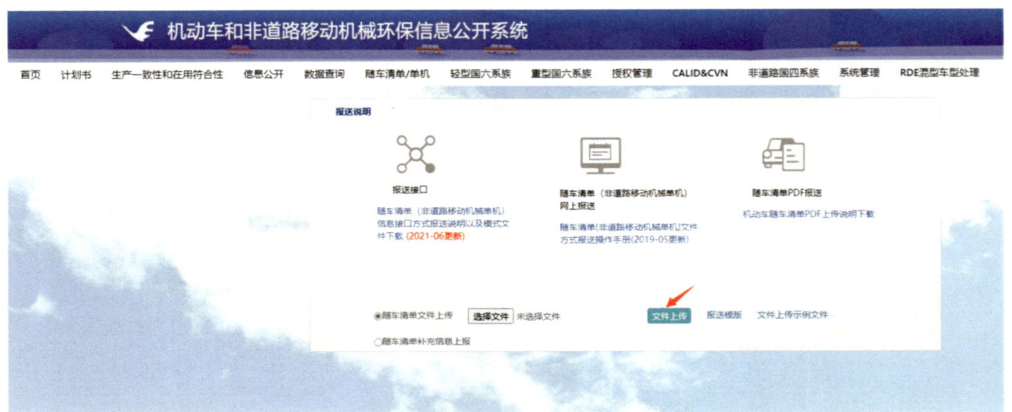

图 6.5　上传单机信息文件页面

确认单机信息列表，无误点击“上报”，反之则点击“取消”。确认单机信息列表页面见图 6.6。

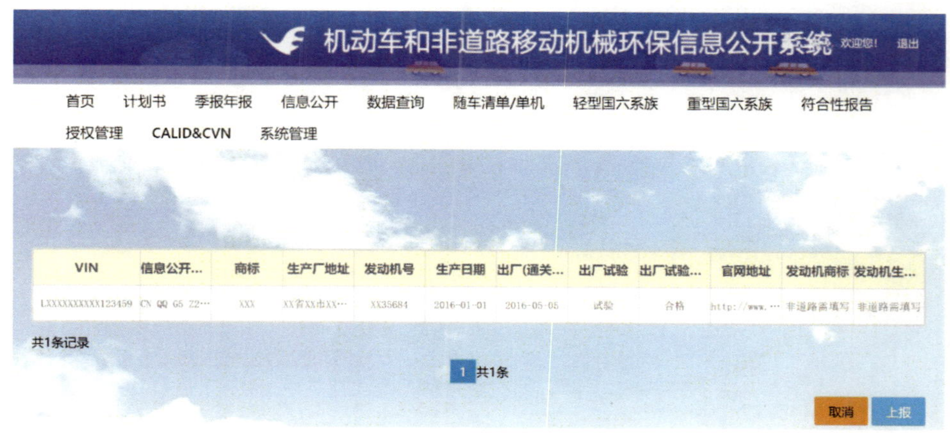

图 6.6　确认单机信息列表页面

二、单机信息查询

对已经报送成功的单机信息可点击查询报送记录进行查询。

点击“随车清单 / 单机”—“查询报送记录”，进入查询页面。查询报送记录入口见图 6.7。

图 6.7　查询报送记录入口

可根据 VIN、信息公开编号、上传开始时间和上传结束时间等进行查询。填写完成查询条件，点击“搜索”。查询报送记录搜索页面见图 6.8。

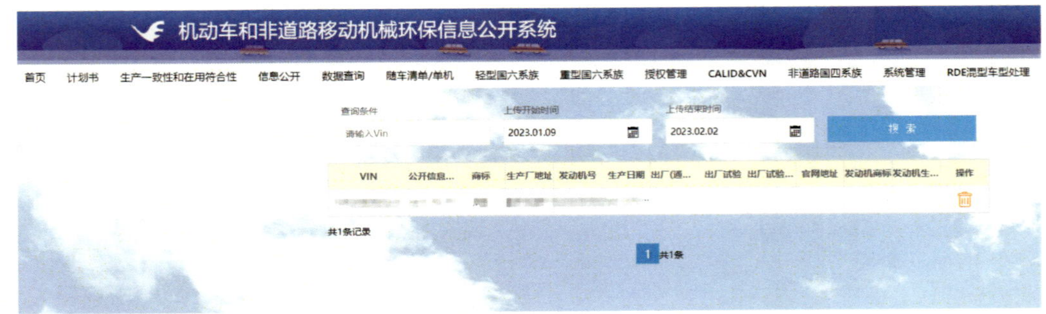

图 6.8　查询报送记录搜索页面

查询后，若发现报送的单机信息有误，并且报送完成的时间未超过 48 小时，则可以点击操作列删除按钮“”，删除错误信息，按照单机信息报送流程重新报送。如果报送完成时间超过 48 小时，则不能直接删除，需要进行更正处理。

第 七 章

生产一致性与在用符合性

鲁嘉欣

企业需填报生产一致性与在用符合性相关信息。包括“非道路国四生产一致性与在用符合性”及“季报年报”两个模块。

一、非道路国四生产一致性与在用符合性

点击首页“生产一致性和在用符合性”—“非道路国四生产一致性在用符合性”，进入非道路国四生产一致性在用符合性填报页面，见图 7.1。

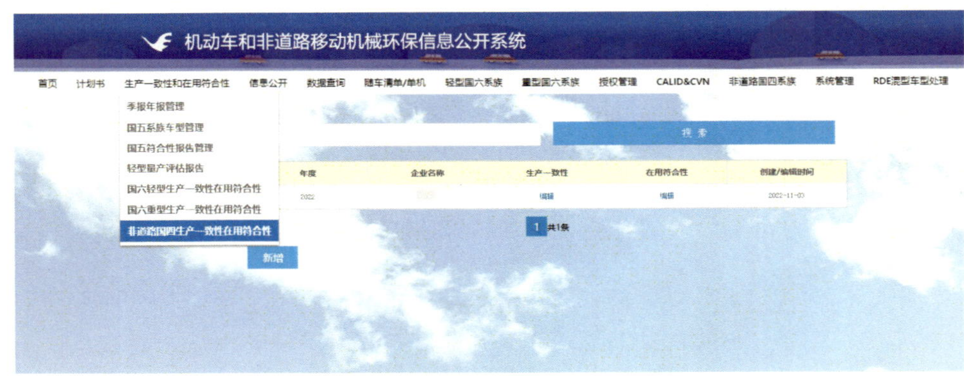

图 7.1　非道路国四生产一致性在用符合性填报页面

如列表中无当年数据行，可点击“新增”添加当前年度，见图 7.2。

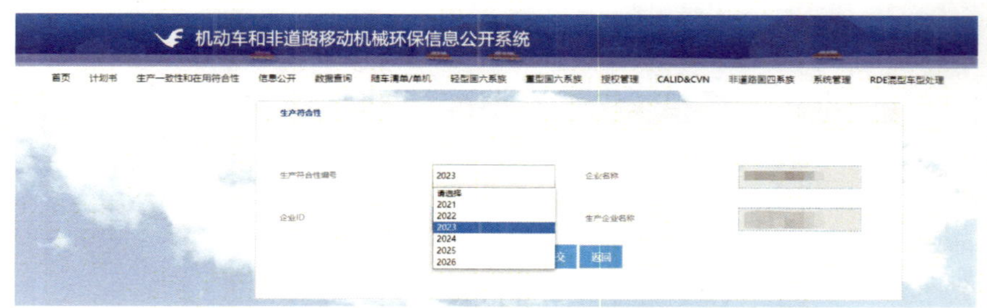

图 7.2 非道路国四生产一致性在用符合性—新增年度页面

（一）生产一致性

在非道路国四生产一致性在用符合性填报页面，选择对应年度，在“生产一致性”一列下点击“编辑”。生产一致性入口页面见图 7.3。

图 7.3 生产一致性入口页面

生产一致性填报页面可对年度测试计划、季度测试计划、年度分析报告进行填报。非道路移动机械企业及非道路移动机械用发动机企业根据实际情况选择对应栏目，下载模板，填报后点击“上传”。生产一致性填报页面见图 7.4。

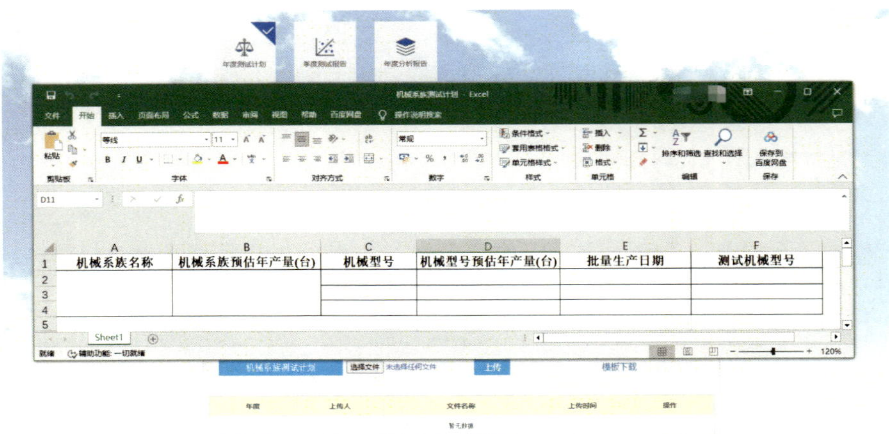

图 7.4　生产一致性填报页面

（二）在用符合性

在非道路国四生产一致性在用符合性填报页面，选择对应年度，在“在用符合性”一列下点击“编辑”。在用符合性入口页面见图 7.5。

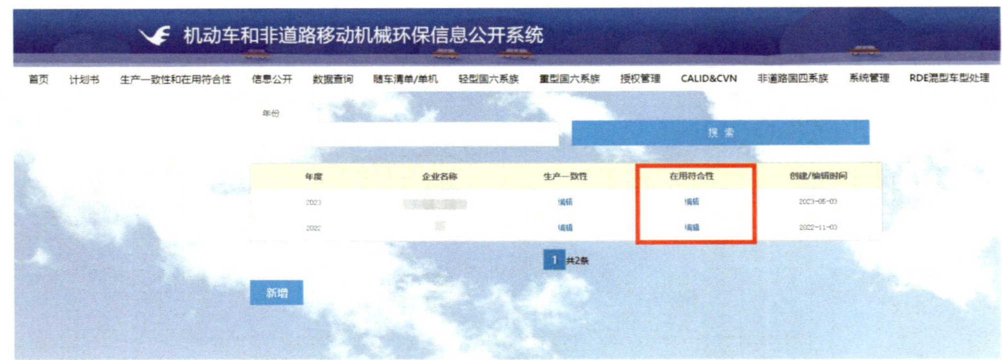

图 7.5　在用符合性入口页面

在用符合性填报页面可对自查计划、排放质保部件、自查报告进行填报。非道路移动机械企业及非道路移动机械用发动机企业根据实际情况选择对应栏目，下载模板，填写后点击“上传”。在用符合性填报页面见图 7.6。

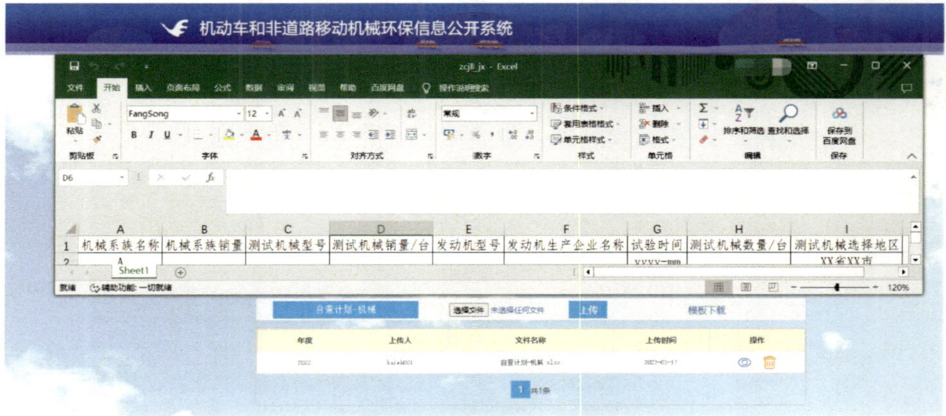

图 7.6　在用符合性填报页面

二、季报年报

点击首页“生产一致性和在用符合性”—“季报年报管理”，进入季报年报页面（图 7.7）。

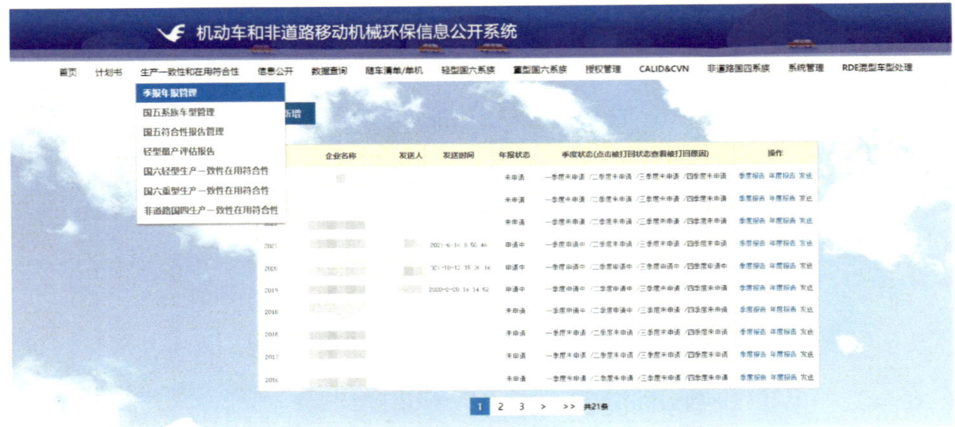

图 7.7　季报年报页面

如列表中无当年数据行，可点击“新增”添加当前年度。新增年度页面见图 7.8。

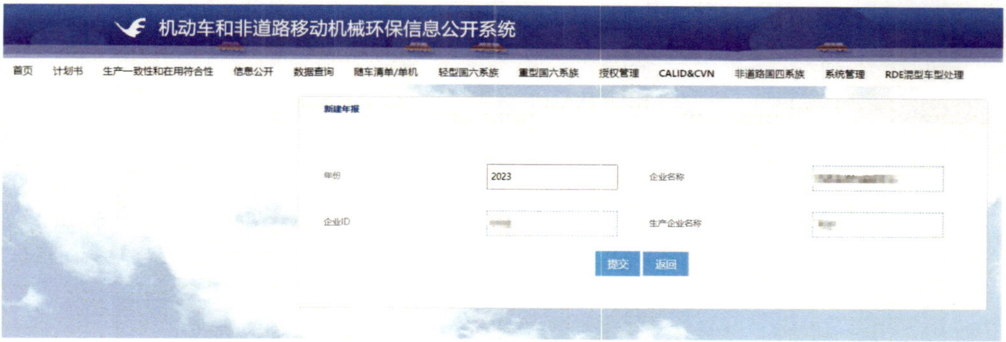

图 7.8　新增年度页面

（一）季报管理

季报需要报送的内容包括企业基本情况、月度企业生产和销售情况、季度企业关键部件采购情况、企业机械（发动机）排放检验情况等。

在“季报年报管理”页面选择对应年度，点击操作列中的“季度报告”。季度报告入口见图 7.9。

图 7.9　季度报告入口

在企业基本信息页面填报企业基本信息，并点击“保存”。季度报告—企业基本信息页面见图 7.10。

企业基本信息

环保生产一致性保证季度度报告（2023011012）

确认您企业所属类别:

自产整车(机)企业

轻型车企业 重型车企业

重型车用发动机企业

非道路用柴油机企业 摩托车企业

三轮汽车和低速货车企业

三轮汽车和低速货车装用的柴油机企

非道路移动机械用小型点燃式发动机企

非道路移动机械(柴油)企业

非道路移动机械(汽油)企业

改装汽车企业

轻型改装车企业

重型二类底盘改装车企业

重型三类底盘改装车企业

进口车企业

进口轻型车企业 进口重型车企业

进口车用发动机企业

进口非道路用柴油机企业

进口摩托车企业

进口非道路移动机械用小型点燃式发动

进口非道路移动机械(柴油)企业

进口非道路移动机械(汽油)企业

企业填报人: 企业填报人

电话: 电话

地区大库地址: 地区大库地址

负责人 负责人

联系人: 联系人

电话: 电话

环保生产一致性管理负责人: 环保生产一致性管理负责人

环保生产一致性管理负责人电话: 环保生产一致性管理负责人电话

保存

图 7.10 季度报告—企业基本信息页面

在企业基本信息页面点击“下载”，下载每月生产量、销售量、关键部件采购情况模板，按照模板要求填报月度机械产销量和季度关键部件采购量。模板页面见图 7.11。

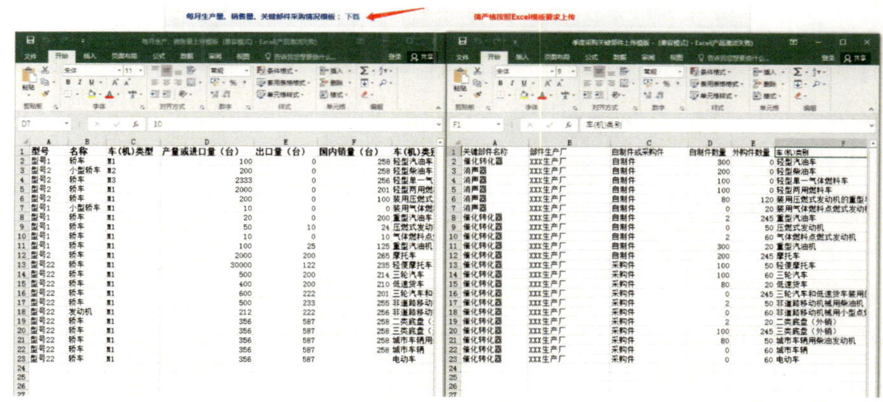

图 7.11　模板页面

在企业基本信息页面“每月生产销售明细”下点击“选择文件”，选中已填写的月度机械产销量文件，选择“打开”。在页面上点击“上传”。若数据格式无误，则提示“上传成功”；若数据格式有误，则提示“操作失败”。点击“查看所选月份”可以查看对应月度机械产销量，如果有误可以点击“删除所选月份”。季度报告—每月生产销售明细操作页面见图 7.12。

每月生产销售明细（需上传的为当月生产的所有车辆，上传为覆盖模式，系统自动删除该月的所有明细后重新上传）

月份: 5月份　选择文件 每月生产...传模版.xls　上传　查看所选月份　删除所选月份

上传成功 ×

月份	车辆类别			阶段	产量或进口量（台）	出口量（台）	国内销量（台）
5月份	轻型汽油车	型号1	M1	国Ⅰ	100	0	258
5月份	轻型柴油车	型号2	M2	国Ⅰ	200	0	258
5月份	轻型单一气体燃料车	型号2	M3	国Ⅱ	2333	0	256
5月份	轻型两用燃料车	型号2	M1	国Ⅱ	2000	0	201
5月份	装用压燃式发动机的重...	型号2	M1	国Ⅲ	200	0	100
5月份	装用气体燃料点燃式发...	型号1	M1	国Ⅲ	10	0	0
5月份	重型汽油车	型号1	M1	国Ⅲ	20	0	200
5月份	压燃式发动机	型号1	M1	国Ⅳ	50	10	24
5月份	气体燃料点燃式发动机	型号1	M1	国Ⅳ	10	0	10
5月份	重型汽油机	型号1	M1	国Ⅳ	100	25	125

1　2　3　>　>>　共22条

图 7.12　季度报告—每月生产销售明细操作页面

在企业基本信息页面“关键零部件采购情况申报”下点击“选择文件”，选中已填写的季度关键零部件采购情况文件，选择“打开”。在页面上点击“上传”。若数据格式无误，则提示“上传成功”；若数据格式有误，则提示“操作失败”。点击“查看所选季度”可以查看上传季度关键部件采购情况，如果有误可以点击“删除所选季度”。季度报告—关键零部件采购情况申报页面见图 7.13。

关键部件采购情况申报（需上传的为当季销售车辆的所有关键部件，上传为覆盖模式）整车厂若采购发动机总成则不必申报发动机上的关键部件

季度: 1季度 选择文件 季度采购关键部件上传 上传 查看所选季度 删除所选季度

季度	车辆类别	排放阶段	关键部件名称	部件生产厂	自制件或采购件	自制件数量	外购件数量	备注
1季度	轻型汽油车	国Ⅰ	[illegible]	[illegible]	自制件	300	0	
1季度	轻型柴油车	国Ⅰ	消声器	XXX生产厂	自制件	200	0	
1季度	轻型单一气体燃料车	国Ⅱ	消声器	XXX生产厂	自制件	100	0	
1季度	轻型两用燃料车	国Ⅱ	消声器	XXX生产厂	自制件	100	0	
1季度	装用压燃式发动机的...	国Ⅲ	消声器	XXX生产厂	自制件	80	120	
1季度	装用气体燃料点燃式...	国Ⅲ	消声器	XXX生产厂	自制件	0	20	
1季度	重型汽油车	国Ⅲ	催化转化器	XXX生产厂	自制件	2	245	
1季度	压燃式发动机	国Ⅳ	催化转化器	XXX生产厂	自制件	0	50	
1季度	气体燃料点燃式发动...	国Ⅳ	催化转化器	XXX生产厂	自制件	2	60	
1季度	重型汽油机	国Ⅳ	催化转化器	XXX生产厂	自制件	300	20	

上传成功

1 2 3 > >> 共22条

图 7.13　季度报告—关键零部件采购情况申报页面

在企业基本信息页面“生产企业整车（发动机）排放检验情况”下点击“新增”，在“环保生产一致性保证报告”页面对车辆类别、季度、排放阶段、系族、系族产量等内容进行填报，填报完整后点击“保存”。季度报告—生产企业整车（发动机）排放检验情况新增页面见图 7.14。

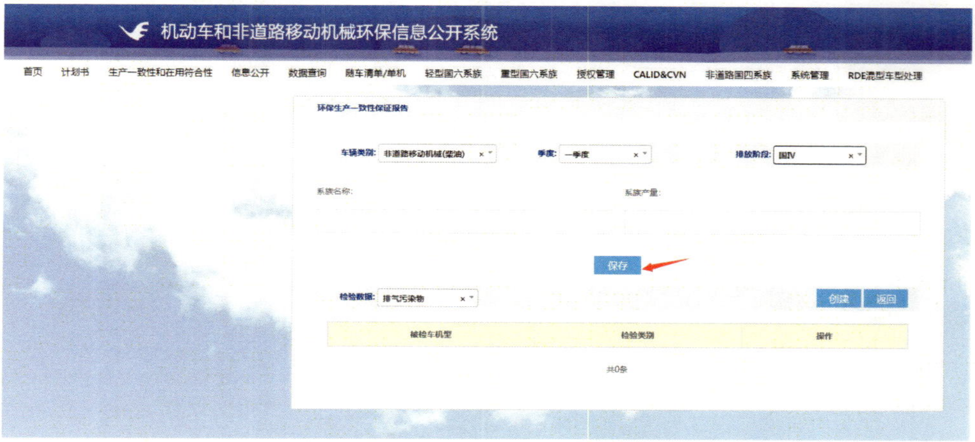

图 7.14　季度报告—生产企业整车（发动机）排放检验情况新增页面

保存后，在“环保生产一致性保证报告”页面选择对应的检验数据，点击“创建”。季度报告—环保生产一致性保证报告创建页面见图 7.15。

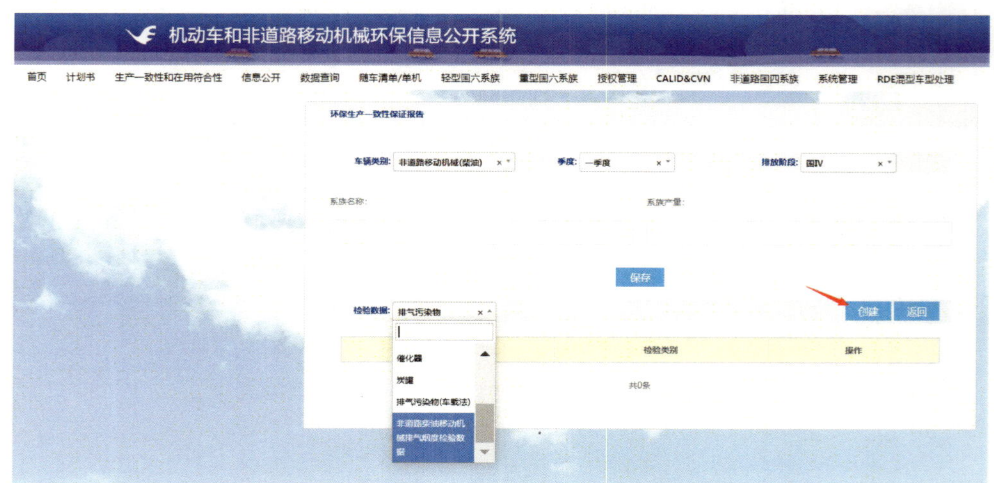

图 7.15　季度报告—环保生产一致性保证报告创建页面

在“环保生产一致性保证报告”下填报基本信息，包括选择机械型号、发动机型号、机械名称、排放阶段、机械环保信息公开编号、发动机环保信息公开编号，填报机械系族名称、发动机系族名称、机械生产企业名称、发动机生产企业名称、发动机额定功率、发动机额定功率转速、机械进口企业名称、排气后处理系统类型等内容，填报完整后点击“保存”。季度报告—环保生产一致性保证报告—基本信息填写页面见图 7.16。

图 7.16　季度报告—环保生产一致性保证报告—基本信息填写页面

在“环保生产一致性保证年度报告”下点击“下载相关申报说明及模板”，参考“非道路柴油机械自查检验报告”模板说明对企业自检试验信息进行填报，填报完整后点击“上传”。季度报告—环保生产一致性保证报告—企业自查检验报告明细上传页面见图 7.17。

请选择Excel文件进行上传： 点此下载相关申报说明及模板

自查检验报告明细 *上报的Excel数据请严格按照说明文件制作

点击上传

图 7.17　季度报告—环保生产一致性保证报告—企业自查检验报告明细上传页面

（二）年报管理

年度报告包括三个模块，企业基本信息、年报文档申报和年报网页申报。报送内容包括企业基本信息、车辆（机械）达到环保标准的情况、生产一致性保证计划书变更情况、关键部件外购件（自制件）采购过程质量控制实施情况、关键部件在线检验和定期抽样检验实施情况、不合格品控制情况、生产过程中出现的生产一致性不符合情况及为恢复产品生产一致性采取的措施、生产企业机械（发动机）排放检验情况、生产企业试验室检测质量控制情况等。

1. 企业基本信息

在首页“季报年报”—“季报年报管理”页面选择“年度报告”。年度报告入口见图 7.18。

图 7.18　年度报告入口

企业基本情况报送，点击“企业基本信息”，对企业所属类别、企业填报人、环保生产一致性管理负责人、电话等信息逐一填报，填报完成后点击“保存”。年度报告—企业基本信息页面见图 7.19。

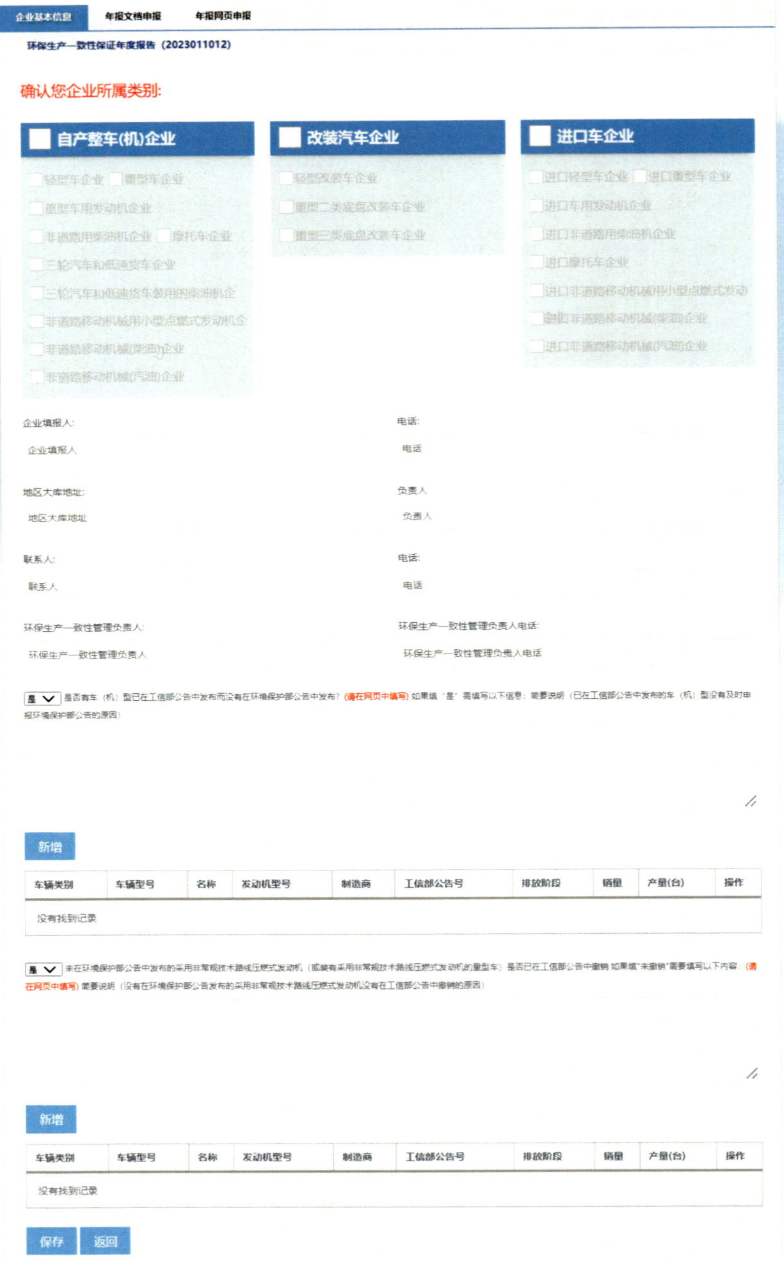

图 7.19　年度报告—企业基本信息页面

2. 年报数据报送

年报数据报送有两种方式，年报文档申报和年报网页申报。

①年报文档申报流程

点击“年报文档申报”，点击“下载模板”，按照模板要求填报年报内容，点击“选择文件”，“上传文件”则完成年报上传。点击“下载当前文件”对已上传年报内容进行查看，若有误可以点击“删除”。年度报告—年报文档申报页面见图 7.20。

图 7.20　年度报告—年报文档申报页面

②年报网页申报流程

点击“年报网页申报”，按照要求填报年报内容，填报完成后点击“保存”。年度报告—年报网页申报页面见图 7.21。

企业基本信息　年报文档申报　年报网页申报

环保生产一致性保证年度报告（2023011012）

一、综述：

企业基本情况概述(成立日期、工信准入时间、体系认证情况、内部结构及部门职能、生产能力（包括所有工厂地址及生产线数量）、员工人数及情况等）(6000字以内）*

车型（发动机）达到环保标准的情况（6000字以内）

二、生产一致性保证计划书的变更情况

车型（发动机与排放有关的关键部件、控制要求、检测方法和管理文件等的变更和增补情况（6000字以内）

五、生产企业试验室检测质量控制情况作业文件号

（一）地址

（二）可完成实验项目

（三）设备检定/校准情况（企业主要的排放检验设备清单，包括设备名称、型号、生产厂、有效期和计量单位等。）（6000字以内）

（四）人员培训、考核情况（实验室检测人员培训和考核等情况）（6000字以内）

（五）标准物质使用情况（企业使用的与排放有关的标准物质使用情况，包括标准物质的种类，标准物质生产厂，标准物质技术参数，标准物质有效期等。）（6000字以内）

保存

图 7.21　年度报告—年报网页申报页面

（三）季报年报发送

完成季报年报后，在页面点击“发送”，选择对应报告并填写备案说明，点击“确定发送”。季报年报发送及备案说明填写见图 7.22。

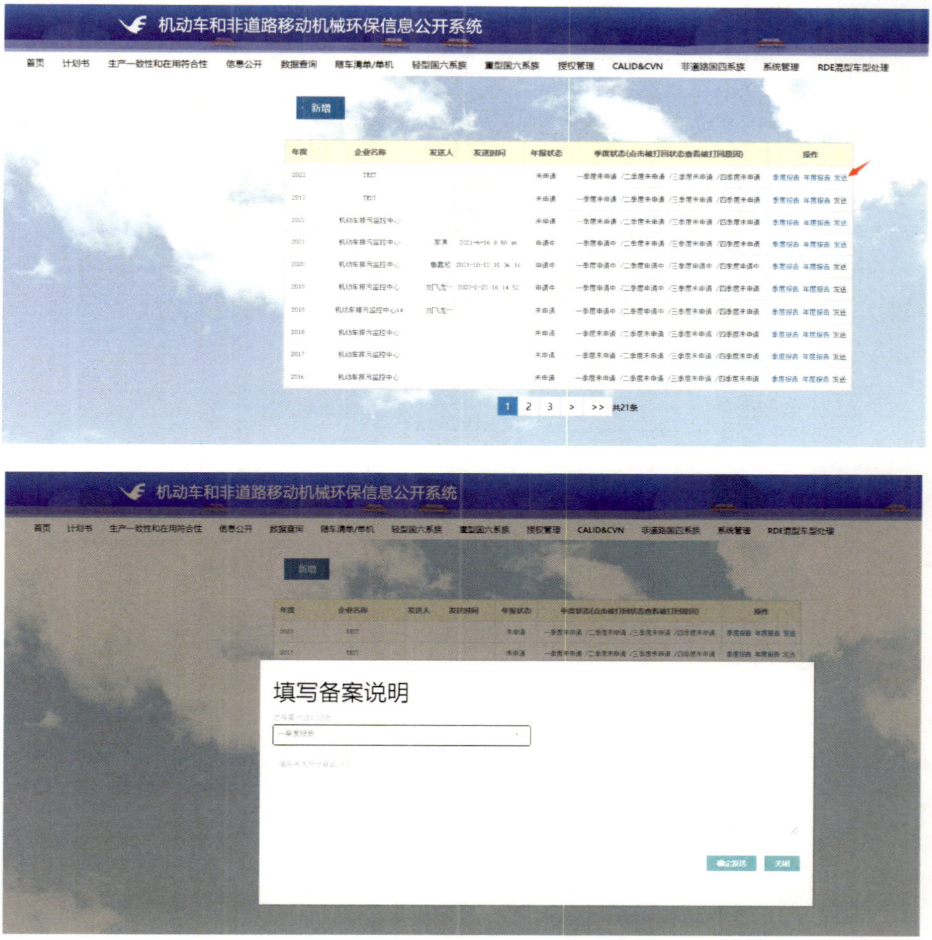

图 7.22　季报年报发送及备案说明填写

附　件

非道路环保信息公开常见问题答疑

Q：如何查询机动车、非道路移动机械的环保达标信息公开情况？

A：登录机动车环保网（www.vecc.org.cn）—公众查询页面，按页面提示进行操作。

Q：已经完成环保信息公开的车/机型，如何新增排放相关配置？

A：在原附录拟新增排放配置的填报页面中，点击“新增”添加配置信息，并按信息公开流程进行公开。

Q：环保信息公开系统主账户 Admin 账户的密码忘记了，该如何找回？

A：如申请重置 Admin 账户密码，需要提供：1. 重置密码申请书，申请书需有公司名称和组织机构代码。2. 法人授权书，授权书需有被授权人身份证号和法人签字。3. 营业执照复印件、申请人身份证复印件。全部资料盖章扫描件发至指定邮箱。

Q：已经备案的附录如何修改？

A：如果附录尚未进行信息公开，可以使用相应权限的账号打回并修改，如果没有开始试验，可自行修改；如果已进行试验，需要与检测机构沟通，确定是否需要重新开始试验；如果已经信息公开，则不能对附录现有数据项目进行修改，但是可以新增配置；需要修改附录已经信息公开的内容需联系相关人员进行更正。

Q：什么情况需要变更？

A：企业正常的经营管理导致已公开的信息发生变化需进行变更，如企业名称、法人、注册/生产地址、商标、零部件生产厂及打刻标识等信息。

Q：什么情况需要更正？

A：更正一般包括以下两种情况：1. 企业已公开信息发现错误导致信息变化；2. 因发动机故障或者合格证更换等导致相关信息需要修改。

Q：注册账户需要提供哪些资料？

A：请登录机动车环保网，进入企业环保信息公开系统，点击“注册流程”，按页面要求提供相关资料。具体参考操作手册“第二章　注册与企业管理”。

Q：信息公开完成后，如何进行单机信息报送？

A：请登录企业环保信息公开系统，点击“随车清单 / 单机”—“报送 VIN/ 单机信息”，按报送说明进行操作。具体参考操作手册“第六章　上传单机信息数据”。

Q：如何用 Admin 账户新增账户、权限分配？

A：信息公开需要三级审核，要用 Admin 账号设置三个不同的账户、密码，三个账号分别对应不同权限。具体参考操作手册“第二章　注册与企业管理”。

Q：Admin 账户可以登录，但是 Admin 分配的子账户密码遗忘该怎么办？

A：用 Admin 账户登录，进入账户列表，详情页点重置。密码会反馈到该子账户的注册邮箱中。

Q：创建计划书时，质量控制文件、检测设备文件、整车排放文件、纠正措施文件、整机排放检测文件等填报页面的所有文号是否都需要填写？

A：系统提示为“不适用的项目不需要填写”，如不适用的项目不需要填写。

Q：计划书和附录都已经点击了提交，但是仍显示在申请中，应该如何备案？

A：信息公开系统设置了三级审核账户，不同账户对应不同权限。Admin 账户授权相应账户附录计划书审核权限，用相应附录备案权限的账号进行操作。具体参考操作手册“第二章　注册与企业管理”。

Q：附录中“商标”位置显示“请选择”，无法手动输入，怎么办？

A：填附录前，需要先维护企业的商标情况。点击首页“计划书”—“商标”，进入商标管理页面。

Q：登录系统时，选择 VIN/ 单机信息报送文件，点击“文件上传”按钮后一直上报不了 VIN/ 单机信息怎么办？

A：用 Excel 打开文件，文件名后缀另存为“.xls”后再重新上传。

Q：环保信息公开时被打回，显示为信息公开表数据异常，报告缺失。请问是什么原因？

A：请按系统提示核对报告是否完整。

Q：非道路移动机械环保代码的编制规则有哪些要求？

A：机械环保代码的编码规则请参见 HJ 1014—2020 标准附录 K 内

容。也可登录企业环保信息公开系统，参照系统首页右侧通知栏“非道路移动机械环保信息公开补充要求”。

Q：企业的基本信息发生变化，或已经公开的车型信息需要修改，如何操作，需要什么资料？

A：部分企业基本信息可直接使用相应权限的账户自行修改，具体可参考操作手册“第二章 注册与企业管理”—“企业资料”；另一部分则需联系相关人员进行变更。已经信息公开的车型信息需要修改，则需联系相关人员进行变更更正。变更更正操作请登录环保信息公开系统，首页右侧通知栏点击“变更、更正相关资料”，下载文件模板，按要求提供材料。

Q：附录中存在多种配置情况，其中一条配置信息没有填写完整，另一个配置车型已经公开，信息没有填写完整的配置能否修改？

A：需进行更正。

Q：机械装配的发动机没有进行信息公开或入库，发动机厂家没有完成这项工作时如何进行发动机信息公开或入库？

A：机械企业可以对发动机进行型式检验，完成后将发动机公开或入库。

Q：如何在已备案的附录中增加整备质量、尺寸等信息？

A：打开已备案的附录，点击加号，新增质量、尺寸等信息，并点击提交。

Q：查询到相应的发动机型号后，为什么不能新增到动力系统？

A：发动机企业授权后才可以使用发动机的公开信息。

Q：在单机上传的时候，提示“第1行公开信息编号格式不正确”，无法上传，请问是怎么回事？

A：请确认信息公开编号格式是否正确。

Q：信息公开主体企业名称发生变化，信息公开系统的企业代码是否也会变化？企业代码体现到信息公开编号中，会不会对已公开的车型信息公开编号有影响？

A：企业代码是信息公开企业注册时系统自动生成的，是永久不变的，也不会影响公开车型的信息公开编号。